Eugen A. Meier
Basel anno dazumal

Eugen A. Meier **Basel anno dazumal**

Birkhäuser Verlag Basel

Inhaltsverzeichnis

Zum Geleit

Seit der Gründung der Schweizerischen Kreditanstalt Basel im Januar 1905 sind 75 Jahre vergangen. Dies gibt uns Anlass, unseren Kunden für ihre Treue herzlich zu danken. Unser Dank gilt auch den Freunden unserer Bank für ihre Zuneigung. Wir freuen uns, Ihnen als Zeichen der Anerkennung unsere Jubiläumsgabe zu überreichen, und hoffen, Ihnen damit Freude zu bereiten.

Schon früh reifte bei der SKA die Erkenntnis, dass sie ihre vielfältigen Dienstleistungen einem breiten Publikum und der Volkswirtschaft des ganzen Landes am besten mit einem ausgewogenen Netz von Niederlassungen erbringen könne, und so wurde bereits 1905 die erste Filiale eröffnet. Die Wahl musste auf Basel fallen, denn unsere Stadt hat von jeher eine hervorragende Stellung in Handel und Industrie eingenommen. So verbinden sich am Rheinknie fruchtbar fortschrittlicher Unternehmergeist und traditionsreiche Kultur und prägen eindrücklich das Antlitz der Stadt. Wir sind stolz, dass die älteste Filiale der SKA in Basel etabliert ist: Zusammen mit unsern Kunden haben wir in den vergangenen Jahren den Beweis erbracht, dass die Wahl eine glückliche war.

Eine glückliche Wahl ganz anderer Art hat Eugen A. Meier getroffen, als er sich, unserer Anregung folgend, entschloss, zum Jubiläum der SKA Basel diesen wohl einmaligen Bildband herauszubringen. Wir laden Sie freundlich ein, mit unserem Stadthistoriker das Alte Basel zu durchforschen, in den malerischen Gassen und Strassen zu verweilen und deren Zauber beschaulich zu geniessen.

Schweizerische Kreditanstalt Basel
Für die Direktion:

G. Utzinger

Basel im letzten Jahrhundert

Das Erste, was Einem beim Eintritt in Basel auffällt, ist der Ausdruck von Traurigkeit und Öde, der Allem aufgedrükt ist. Wer hat unsre lustigen Städte Frankreichs durchreist und gedenkt nicht ihrer belebten Vorstädte, ihrer Brunnen von plaudernden Mägden umringt, ihrer Balkone mit hübschen Kindern beladen, welche neugierig schauen, ihrer Fenster mit jungen Stikerinnen besezt, deren Nadel erhoben bleibt, sobald das Geräusch eines Fuhrwerkes die Fenster klirren macht. Nichts von alle dem in Basel. Beim Lärm Eures Wagens schliesst man die Laden und Thüren, die Frauen verbergen sich. Alles ist todt und öde; man sollte glauben, die Stadt wäre zu vermiethen. Man darf jedoch nicht glauben, dass die freiwillige Gefangenschaft der Baslerinnen etwa ein Beweis sei von einem gänzlichen Mangel an Neugierde; aber sie haben Mittel gefunden, diese mit ihrer Sprödigkeit zu vereinigen. Spiegel, mit Geschik an den Fenstern angebracht, gestatten ihnen zu sehen, was draussen vorgeht, ohne selbst gesehen zu werden. – Wenn aber auch die Strassen Basels traurig zu durchwandern sind, so ist es dagegen unmöglich, von ihrer ausgezeichneten Reinlichkeit eine richtige Vorstellung zu geben. Da ist keine Spalte, kein Riss, kein Fleken zu sehen auf allen diesen in Öl gemalten Mauern, kein Sprung in allen diesen Gittern von wunderbarer Arbeit, welche die untern Fenster schüzen. Die Sommerbänke neben der Thürschwelle sind sorgfältig in der Mauer befestiget zum Schuz gegen Regen und Sonne. Bildet die Strasse einen zu steilen Abhang, so unterstüzen Mauerlehnen die Schritte des Greises und beladenen Landmanns. Überall findet ihr diese in's Kleine gehende Aufmerksamkeit, diese Beachtung der Bedürfnisse der Menge, diese Sorgfalt des Eigenthümers und des Familienvaters. Man fühlt es, dass in Basel nichts dem Auge der Regierung entgeht, und dass sie jeden Abend in ihren Staaten die Runde macht. Emil Souvestre, 1837.

Basel stellt schon in jeder Hinsicht eine selbstständigere Abgränzung gegen Teutschland dar als Schaffhausen, und hält die schweizerische Eigenthümlichkeit mit einer Starrheit fest, als käme es in diesem Punkte recht darauf an, den Gegensaz gegen den teutschen Charakter zu behaupten. In Basel, wie sehr es auch gegen frühere Zeiten an Leben und Bevölkerung verloren, liegt doch noch aller Reichthum und aller Stolz der ganzen Schweiz aufgestapelt, und selbst das aristokratische Bern hat nie mit dem Patri-

zierthum Basels an Gewalt und Glanz wetteifern können. Stolz und ernst, wie das Münster von Basel, ist anscheinend der Charakter der Einwohner. Wenn man dort durch die stillen Strassen wandelt und im grünen Rheine das Spiegelbild verfolgt, welches die malerisch umher gestreuten Häuser hineingeworfen haben, fühlt man sich von einem träumerischen Quietismus umfangen, der die Atmosphäre der ganzen Stadt zu bilden scheint. Aber wie überall, so macht sich auch gleich der Gegensaz geltend, und mit dem Pietismus und Quietismus contrastirt in dieser Stadt der colossalste Luxus, schimmerndes Wohlleben und prunkender Genuss des Augenblikes. Theodor Mundt, 1839.

Auf der rechten Seite der Rheinbrücke bemerkt man ein kleines Kapellchen, jetzt zur Aufbewahrung von Brückenbaugeräthschaften bestimmt. Hier wurden zur Zeit der Gottesurtheile und der Hexenprozesse die Unglücklichen in das Wasser geworfen und bei der jetzigen Rheinschanze (St. Thomasthurm) wieder aufgefangen. Hier wurden auch nach der Reformationszeit die liederlichen Dirnen und Ehebrecher unter Volksgedränge zur Busse hingeführt. Bis hieher reichten auch an der Fastnachtzeit die grotesken Tänze der sogenannten Ehrenzeichen der Kleinbasler, welche bis 1830 fortdauerten. Es waren drei Männer, von denen der eine das Wappen der Gesellschaft zum Rebhause in einer Löwenmaske, der andere der Gesellschaft zum Greifen in einer Greifenmaske, der dritte der Gesellschaft zur Hären in einer Wildenmanngestalt trug. Sie durchzogen in Begleitung von Pfeifen und Trommeln die kleine Stadt bis an dieses Joch und belustigten dann durch ihre Spässe die Mahlzeiten der drei Gesellschaften auf den ihnen eigenthümlichen Häusern. Auch die Gesellschaften der Vorstädte des grösseren Basels hatten bis 1798 ähnliche lebendige Masken und Umzüge. Von allem diesem sind jetzt nur die auf den meisten Zünften üblichen Aschermittwochsmahlzeiten übrig geblieben, an welchen goldene Zunftbecher ebenfalls in Gestalt ihrer Wappen (z. B. eines Schlüssels, Bären, Lilie u.s.w.) herumkreisen und dann die Zünfte mit ihren Fahnen und Trommeln einander Besuche abstatten. Wie zu London und andern Orten, wo noch Zunftrechte gelten, müssen alle Bürger ohne Ausnahme in einer der 16 Zünfte eingeschrieben sein, ohne dass desshalb für sie irgend eine Verpflichtung zu dem betreffenden Berufe hervorginge. Diese Zünfte und Gesellschaften besitzen beträchtliches sowohl liegendes als angelegtes Vermögen, aus dessen Zinsen die jährlichen Mahlzeiten, so wie auch Unterstützungen von wohlthätigen Anstalten bestritten werden. — Man zählt in Basel 19 Gasthöfe, 160 Weinhäuser und Schenken, 10 Bierbrauereien und 6 Kaffeehäuser, 10 Köche und Traiteurs, aber keine eigentliche Restauration. Das häusliche Leben der Einwohner kann allein diese Missverhältnisse gegen andere Städte gleicher Bevölkerung erklären. Eben so der Umstand, dass viele eigene Badstuben besitzen, den Mangel an öffentlichen warmen Bädern, deren es nur 3 innerhalb der Stadt giebt. Wegen der Menge der eigenen Luxuspferde (man zählt circa 3–400) können auch 3 Bereiter und 16 Lohnkutscher nur mühsam bestehen. Banquiers zählt man 8, Fabrikanten und Grosshändler bei 100, Makler (Sensalen oder Courtiers genannt) 14. Ausser diesen hat man für den kleinern Verkehr noch etliche (sogenannte) Geschäftsmänner und ein allgemeines Berichthaus. Notare gibt es 18, aber Advokaten nur 5 (und auch diese sind meist zugleich Notare), weil es wenige Prozesse gibt, welches nicht nur dem versöhnlichen Charakter und der Scheue vor Zeitverlust, sondern auch dem einfachen, beförderlichen und nicht kostspieligen Rechtsgange zuzuschreiben ist. 24 Ärzte, 11 Wundärzte und Barbiere, 8 Apotheken mögen von dem sanitarischen, 8 Buchdruckereien, 5 Buch- und 4 Kunsthändler, 1 Antiquar von dem literarischen Verkehr einen Begriff geben. – Das in Basel cursirende Geld ist französische, Reichs- und Schweizermünze. Grösseres Geld aus entferntern Staaten, z. B. Sachsen, Preussen, Holland u.s.w. kann nur mit Verlust angebracht werden, Scheidemünze gar nicht. – Im Handel und Wandel rechnet man nach Schweizerfranken zu 100 Rappen oder 10 Batzen. Ein solcher Franken (nicht franc) ist gleich 40 Kreuzer rheinisch oder 30 sols altfranzösischer oder 1 franc 50 centimes neu-französischer Währung. Papiergeld hat in Basel gar keinen Curs. Nur in grösseren Gasthöfen und bei den Banquiershäusern Passavant, Ehinger, von Speyr, Merian-Forkart u.s.f. liesse sich solches anbringen. In der innern Schweiz muss man sich noch weit grössere Abzüge gefallen lassen. – Aufenthaltskosten: In den Gasthöfen 3 Königen und Storchen eine Mahlzeit 3 franz. francs, eine dito auf dem Zimmer 5 fr., ein Kaffefrühstück 1–1½ fr., ein Zimmer, je nach der Lage, 1, 1½, 2 frs. Im Wildenmann, Krone, Kopf, Schwanen ein Viertheil oder Dritttheil weniger. Ein zweispänniger Wagen pr. Tag 18 fcs., pr. halben Tag 9–10 fcs. Bei Einladungen in Privathäusern ist es üblich, insofern fremde Weine aufgetragen werden, ein Trinkgeld (meist von 5 Batzen) in die Küche zu verabreichen; eben so viel dem Kutscher, wenn der Fremde auf ein Landhaus zu Tische abgeholt oder spazieren geführt wird. Bei grösseren Festlichkeiten natürlich etwas mehr. Ferdinand Röse, 1840.

Die Häuser Basels, durchschnittlich drei bis vier Stockwerke hoch, waren früher durch ihre Sauberkeit und Nettigkeit berühmt. Noch jetzt wird viel darauf gehalten, damit sowohl Äusseres als Inneres ein anständiges Aussehen habe. Es gibt Häuser, in denen entsetzlich viel gescheuert und geputzt wird. Dagegen lässt die Reinlichkeit der Strassen viel zu wünschen übrig, da es durchaus an einer von Stadt wegen eingerichteten Anstalt zur Kehrung derselben mangelt. – Das gesellschaftliche Leben Basels steht auch nicht im besten Rufe, und man hört selten einen Fremden, der nicht über Langeweile klagt. Allerdings Basel ist keine Stadt für vornehme Müssiggänger und Pflastertreter; es ist eine Stadt der Arbeit, wo man mehr an Geschäfte als an Vergnügungen denkt. Indessen *wollen wir nicht bestreiten, dass das Angenehme mit dem Nützlichen vielleicht auf zweck-mässigere und ausgedehntere Weise verbunden sein könnte. Das öffentliche gesellschaftliche Leben ist in der That ein beschränktes. Das Theater hat beständig mit Schwierigkeiten zu kämpfen, weil die Ansprüche grösser sind, als die Mittel, über die man gebieten kann. Mehr Genuss gewähren die Winterconcerte im Stadtcasino, in denen sich die höhern Klassen der Gesellschaft zu versammeln pflegen. Sehr rühmlich ist die von Lehrern der Universität in den Zwanziger Jahren begründete und jetzt überall nachgeahmte Sitte öffentlicher Vorle-sungen, die von dem gebildeten Publikum jeweilen zahlreich besucht werden. Die ehemals sehr beliebten ‹Kämmerlein›, in welchen sich eine geschlossene Gesellschaft meist älterer Herren zu Tabak, Wein oder Thee versammelte, sind fast ganz abgekommen und haben einem bunten Wirthshausleben Platz gemacht, an dem Jung und Alt des Abends Theil nimmt. Hiezu hat die grosse Vermehrung der Bierbrauereien nicht wenig beigetragen. Dem weiblichen Geschlecht ist ausser den sogenannten ‹Familientagen›, in welchen das Haupt der Familie die Glieder derselben bei sich vereinigt, und Zusammenkünften unter sich wenig geboten. Grössere gemischte Gesellschaften sind selten; selbst Bälle, die früher sehr im Schwange waren, finden keine rechte Theilnahme mehr.*

Übrigens ist die öffentliche Freude in Basel keineswegs unterdrückt. Es gibt Jugendfeste, Turnfeste, Feste verschiedener Gesellschaften etc. Das grösste Fest Basels ist die Fastnacht. Sie beginnt zu einer Zeit, wo sie anderwärts (mit Ausnahme der Mailänder Diöcese) bereits ein Ende hat, am Aschermittwoch, durch stattliche Mahlzeiten auf den Zünften. An den darauf folgenden Montagen und Mittwochen herrscht ein fürchterlicher Lärm in den Strassen; von Morgens früh bis Abends spät wird von Verkleideten und Unver-kleideten auf sinnlose Art getrommelt. Es finden jedoch manchmal auch grössere geschmack-volle Umzüge statt; so bewunderte man z. B. 1812 einen Älpler- und Prinzenzug, 1820 einen Brautzug aus dem 14. Jahrhundert, 1822 den Ausfall des Krähwinklerheers, 1834 einen Ritterzug, 1844 einen Chinesenzug, 1853 die Darstellung der 22 Kantone etc. Seit 50 Jahren ist auch Maskenfreiheit gestattet, und es finden desshalb an den genannten zwei Tagen Maskenbälle statt, an denen es sehr lebhaft zugeht. Am Dienstag der Fastnachtswo-che sind auch Kinderbälle, an welchen die Kinder in den hübschesten Costümen sich ver-gnüglich herumtummeln. – Noch müssen wir einer Eigenthümlichkeit Basels gedenken, durch die es einen gewissen Ruf erlangt hat. Wie nämlich andere Städte durch Zubereitung von Esswaaren sich auszeichnen, z. B. Göttingen durch seine Würste, so Basel durch seine Leckerli, einer Art feiner, in kleine Tafeln geschnittener Lebkuchen oder Honigkuchen. Der Verbrauch dieser Leckerli zur Zeit des Neujahrs gränzt an's Fabelhafte; denn nicht nur wird eine ungeheure Menge in der Stadt consumirt, sondern eine ebenso grosse oder noch grössere Zahl nach Aussen versandt. Wilhelm Theodor Streuber, 1854.

Basel anno 1845. Unsere Stadt zählte um diese Zeit 25 965 Einwohner (12 033 männliche und 13 932 weibliche), die sich auf 5356 Haushaltungen und rund 2750 Häuser verteilten. Nach Konfessionen getrennt, zeigte das Bevölkerungsbild 21 070 Protestanten, 4731 Katholiken, 104 Juden und 60 Wiedertäufer. Das Weichbild der Stadt lässt augenfällige Veränderungen erkennen. Es fehlen das Rheintor (1839 abgebrochen), der Aeschenschwibbogen (1841), der Spalenschwibbogen (1838), der Metzgerturm unterhalb des St.-Johanns-Tors (um 1843). Dafür sind entstanden: das Rheinlagerhaus (1839), der Schilthof (1842), der Französische Bahnhof mit dem Eisenbahntor (1845), das Kleinbasler Gesellschaftshaus (1841), der botanische Garten vor dem Aeschentor (1836), das Hotel Drei Könige (1844), das Theater (1831), das Kaufhaus (1843), das Museum (1849 bezogen) und das Bürgerspital (1842). Auch sonst fällt dem aufmerksamen Betrachter allerhand auf, wie etwa die noch intakte Stadtbefestigung, die Strassenbeleuchtung, die Rebäcker vor den Toren, die Rheinbadanstalten, der Turnplatz im Klingental oder der stolze Raddampfer in der Strömung beim Schintgraben. ‹Die innere Stadt hat meistens unregelmässig gebaute, enge und krumme Strassen. Die Vorstädte sind regelmässiger und haben breite, gerade Strassen.› Vogelschauplan von Johann Friedrich Mähly.

Das ehemalige Augustinerkloster und der Augustinerbrunnen, 1860. Von 1276 bis zur Reformation prägten Augustinereremiten das Geschehen an der damaligen Spiegelgasse. Vom Wohlwollen der Regierung getragen, versahen die gelehrten Bettelmönche in ihrem langgestreckten Gotteshaus sechs Seitenaltäre. Kostbare Reliquien, wie die ‹40 Häupter der 11 000 Jungfrauen› und die in einem Kännlein verwahrten Barthaare des heiligen Thomas, bewogen vorab die Schneider, Maler, Glaser und Goldschmiede zu besinnlicher Einkehr. 1528 ist das Kloster vom Konvent der Stadt übergeben worden, mit der Auflage, den Lebensunterhalt der Mönche sicherzustellen. ‹Dieselben seyn auch alsbald aus dem Kloster gegangen und haben sich verheurahtet.› Zehn Jahre später übernahm die Universität die Gebäulichkeiten und bestimmte sie als ‹Oberes Kollegium› für die Unterkunft der Stipendiaten (Alumnen). Der grosse Speisesaal des ‹Colajum› diente auch akademischen Festlichkeiten, die ohne ‹Überfluss und eitle Verschwendung› stattfanden, ferner dem Ehegericht und dem Collegium Musicum. An der Stelle des Augustinerklosters steht seit 1849 das von Melchior Berri erbaute Naturhistorische Museum. Der schon 1468 erwähnte Augustinerbrunnen war zum allgemeinen Gebrauch von allen Seiten frei zugänglich, bis er 1846 wegen Verkehrsbehinderung rheinseitig an die Hofmauer verschoben werden musste. Die von einem schildhaltenden Basilisken geschmückte Brunnenstocksäule stammt aus dem Jahre 1530. Aquarell von Johann Jakob Neustück.

Das Münster, 1823. In Gegenwart Kaiser Heinrichs II., des Bischofs und der Stadt verehrten Wohltäters, ist am 11. Oktober 1019 das neue Münster feierlich eingeweiht worden. Das spätromanische ‹Heinrichsmünster›, das anstelle des beim Einfall der Ungaren anno 917 zerstörten karolingischen Gotteshauses erbaut worden war, erlitt 1085, 1187 und 1258 durch Grossbrände und 1356 durch das Grosse Erdbeben bedeutende Schäden. Die 1363 erfolgte Neuweihe des Hochaltars bedeutete einen Freudentag für die 14 000köpfige Bevölkerung, von welcher rund 1300 dem geistlichen Stand angehörten! Auch das nachreformatorische Basel liess es am baulichen Unterhalt seiner Hauptkirche nicht fehlen und ordnete zwischen 1597 und 1852 aufwendige Umbauten und Renovationen an. Einen erbärmlichen Anblick aber bot der Kreuzgang 1814: ‹Dieser geheiligte Ort, der bekanntermassen während mehreren Monathen durch einquartierte russische Uhlanen und Kosaken als Pferdestall und Quartier der niedrigsten Classe der fremden Krieger dienen musste, ist so abscheulich zugerichtet, dass man denselben ohne Grausen und Entsetzen nicht betretten kann.› Pulsierendes Leben erfüllte den Münsterplatz besonders während der zahllosen kirchlichen Feiertage (es wurden jedes Jahr ungefähr 35 verschiedene Prozessionen abgehalten), an Markt- und Messetagen wie auch bei politischen Manifestationen. So beispielsweise 1798, als mit dem Aufpflanzen des Freiheitsbaumes der Untergang des Ancien régime bejubelt wurde, oder 1912, als der Münsterplatz von den Teilnehmern des internationalen Sozialistenkongresses überflutet wurde, die für den Weltfrieden demonstrierten. Kolorierte Kreidelithographie von Domenico Quaglio.

Basel vom Grenzacher Hörnli aus gesehen, um 1830. ‹Mag Basel, die grösste Stadt der Schweiz, nach seinem Flächenraum eine doppelt so starke Bevölkerung aufnehmen können, so ist es keineswegs eine schlecht bevölkerte Stadt zu nennen, wenn man auch die bequeme Bauart und Lebensweise ihrer Einwohner gehörig berücksichtigt. Basel hat nicht nur viele schöne öffentliche Gebäude, sondern auch eine Menge stattlicher Privatwohnungen. Die Bewohner der Stadt haben, trotz der zusammengeflossenen Bevölkerung aus verschiedenen Ländern, doch eine Stadtphysiognomie. Von den höhern Ständen unterscheidet sich der Fabrikarbeiter auffallend durch ein meist blasses, mageres Aussehen und oft widrig gemeine Gesichtszüge. Ein Hauptzug in dem Charakter aller Stände ist Arbeitsamkeit und Thätigkeit, Sparsamkeit und Prunklosigkeit, Wohlthätigkeit und Frömmigkeit. Bei all ihrem öffentlichen Handeln zeigen sie eine entschiedene Abneigung gegen jenes marktschreierische Ausposaunen, das hie und da manche Schweizerstadt charakterisiert.› C. V. von Sommerlatt, 1838. Aquarell von Wilhelm Oppermann.

Blick in das Mittelschiff des Münsters, um 1840. ‹*Das Basler Münster zeichnet sich dem Gesamteindruck nach weder durch Schönheit der Form noch durch quantitative Schönheit aus. Es ist, unbefangen gesprochen, eine der unansehnlichsten bischöflichen Kirchen, welche nur in den Ländern deutscher Zunge zu sehen sein mag. Dennoch aber wird der Kunstliebhaber durch eine Fülle von Ornamenten angezogen. Holen wir uns also aus dem Hause des Küsters die Schlüssel der Kirche, um in das Innere zu gelangen. Die perspektivische Durchsicht ist, ungeachtet der grossen Breite des Schiffes, für eine so alte Kirche sehr schön. Zunächst an beiden Seiten sehen wir die am Ende des 16. Jahrhunderts von einem guten Meister geschnitzten Stühle der obersten Landesbehörde. Die Kanzel, erbaut 1486, ist eine der schönsten der Zeit. Auf ihr predigte ausser Oekolampad mancher der ausgezeichnetsten Gottesgelehrten in der Blüthezeit der Basler Universität. Das Orgelwerk stammt aus dem Jahre 1404. Die Strenge der Reformation machte sie aber verstummen. Antistes Sulzer brachte es indes 1561 dahin, dass sie wieder in brauchbaren Stand gestellt und beim Gottesdienste angewendet wird. Die letzten Verbesserungen wurden 1711 durch Silbermann und 1787 durch Brosy bewerkstelligt*› (1840). *Der Bau einer neuen Orgel bedingte 1852/57, die Vierungskrypta einzuebnen, den Lettner, die Kanzel und das Chorgestühl zu versetzen und den Boden zu erhöhen. Aquarell von Johann Jakob Neustück.*

Das alte Stadtcasino am Steinenberg, 1826. Der Abbruch der Stadtbefestigung am untern Steinenberg mit Eselstürmlein und Wasserturm im Jahre 1820 ergab für die Stadt einen günstig gelegenen Bauplatz zur Errichtung eines kulturellen Zentrums, vermochten doch weder das Theater im Ballenhaus noch der Musiksaal im ehemaligen Augustinerkloster den Ansprüchen der standesbewussten Bevölkerung weiter zu genügen. Mit der Ausarbeitung der Pläne wurde, unter Verzicht auf den Einbezug eines neuen Theaters, der erst zwanzigjährige, beim berühmten Karlsruher Architekten Weinbrenner in Ausbildung stehende Melchior Berri beauftragt. Nach zweijähriger Bauzeit stand das wohlproportionierte klassizistische Haus in schlichter Eleganz den musischen Künsten offen. Und niemand fühlte sich im Kunstgenuss beeinträchtigt, ‹wenn es vom offenen Birsig herauf etwas widerwärtig schmeckt›. Die Kapazität des Konzertsaals, in welchem Brahms und Liszt begeisterten, erwies sich bald aber als zu gering, doch liess sich der Anbau des Musiksaals erst 1876 realisieren. 1938 mussten Rundbogenfenster, dorische Säulen und ionische Pilaster der Architektur einer neuen Zeit weichen. Ihr Verlust beklagte Theobald Baerwart in Wehmut mit der Strophe: ‹Du edle Bau vom Berri, jetz griegsch au du der Tritt, doch 's Zyghuus nimmt di zärtlig in Altstadt-Himmel mit!› Aquarell von Johann Jakob Neustück.

Die Rittergasse gegen den St.-Alban-Schwibbogen, 1863. Links der 1282 von den Zisterzienserinnen des Klosters Olsberg erworbene Olspergerhof. 1753 baute Samuel Werenfels die seit 1557 sich in weltlichem Besitz befindende Liegenschaft um und versah ihre Strassenfassade mit einem reizvollen Portalaufsatz, der auf die zeitweiligen Hausnamen ‹Zum Leopard› bzw. ‹Zum Tiger› hinweist. Die Kapelle der Deutschritter steht seit 1539 ohne Glockentürmchen da, hatte der Rat doch angeordnet, dieses abzubrechen, weil das Gotteshaus der Ordensritter zur Fruchtschütte erklärt worden war. Die am Sturz des dreiteiligen Fassadenfensters angebrachten Initialen M. B. sowie das Steinmetzzeichen und die Jahreszahl 1844 erinnern daran, dass Melchior Berri Wohnhaus und Fabrik des Obersten Benedict Vischer-Preiswerk unter Einbezug der Deutschritterkapelle 1844/45 umgebaut hat. Ihr schliessen sich der 1832 von Johann Jakob Stehlin für Benedict Vischer errichtete Neubau und das Geschäftshaus der Bandfabrik Trüdinger & Co. an. Gegenüber der aus drei Liegenschaften gebildete Vordere Ramsteinerhof, dessen ausgedehnter Komplex auch noch das Gartenkabinett am St.-Alban-Graben umfasst. Mit dem Haus ‹Zum Panthier› und dem Ritterhof vereinigt, erscheint der Vordere Ramsteinerhof erstmals 1532. Über den Wechsler und Ratsherrn Bernhard Meyer ging der Sitz 1816 schliesslich an die Basler Mission, die ihn drei Jahre später an den Nachbarn im Deutschritterhaus, Dietrich Burckhardt-Hoffmann, veräusserte. Aquarell von Johann Jakob Neustück.

Der St.-Alban-Schwibbogen und das Deutschritterhaus, 1863. Mit der 1398 abgeschlossenen Erweiterung der Stadtbefestigung hatte der Torbogen vor St. Alban seine fortifikatorische Bedeutung verloren, doch erfüllte er als Gefangenschaft weiterhin eine der Sicherheit der Stadt dienende Aufgabe: ‹Die Bärenhaut ist ein berühmtes Gefängnis der Hurer und Ehebrecher in unserer Stadt.› Durch die Verlegung der Untersuchungsgefängnisse in den Lohnhof entspann sich nach 1825 eine lebhafte Diskussion um eine allfällige Beseitigung des schadhaften ‹Vogelkäfigs› mit den ausbruchgünstigen Zwingern ‹Bärenloch, Kartzer, Brandstätter und Teufelsküche›. Man begnügte sich jedoch mit der Wegschaffung des vorstehenden Gebäudeteils am St.-Alban-Graben und überbaute das freie Areal umgehend mit einem weitern Torbogen. Die Korrektion des St.-Alban-Grabens und des Harzgrabens als Zufahrt für die geplante Wettsteinbrücke erforderte 1878 aber dennoch den Abbruch des sogenannten Kunos-Tors. Mit ihm musste auch das teilweise auf der Stadtmauer stehende Deutschritterhaus (die ehemalige Residenz des Konzilspräsidenten) weichen, das von 1268 bis 1805 Angehörige der Basler Komturei des Ordens der Deutschritter beherbergt hatte. Aquarell von Johann Jakob Neustück.

Das St.-Alban-Tor, um 1850. Der in den Jahren 1361 bis 1398 erbaute äussere Befestigungsring erhielt mit dem St.-Alban-Tor in seiner östlichen Flanke einen schlanken Torturm, der sich dominierend von der Stadtmauer abhob und einen weiten Blick auf den Rhein und gegen die Hard gewährte. Ein unterhalb des überdachten Zinnenkranzes angebrachter reizvoller Erker mit steilem Pyramidendächlein ermöglichte, ‹ungebetene Gäste› mit siedendem Wasser und Pech zu übergiessen. In dieser Gestalt blieb das St.-Alban-Tor bis 1871 erhalten, als die Korrektion des St.-Alban-Tor-Grabens mit einer Verbindung zur Gellertstrasse nach einer befriedigenden Lösung drängte. Trotz breitgeführter Diskussion blieb das Tor stehen (wobei sich besonders der Basler Kunstverein gegen den Abbruch wehrte), allerdings (bis 1976) mit einem ‹hässlichen› Dach im Zinnenkranz. Die dem St.-Alban-Tor vorgelagerte ‹Kleine Schanze› ist 1864 abgetragen worden, damit der von einem hölzernen Steg überbrückte Stadtgraben mit geeignetem Material eingedeckt werden konnte. Aquarell von Louis Dubois.

Die St.-Alban-Kirche und die Hirzlimühle, 1857. Weitab vor den Toren der Stadt, im dichten Hardwald verborgen, gründeten 1083 Kluniazenser auf Anordnung von Bischof Burchard von Fenis die erste klösterliche Siedlung auf Basler Gebiet. Ihr Leben widmeten sie der Verehrung des Erlösers, der Gottesmutter Jungfrau Maria und des heiligen Alban, der um 303 in England das Martyrium erlitten hatte. Bald liessen sich in der Nähe der genügsamen Mönche auch Fischer, Flösser und Müller nieder, die bis 1383 ein eigenes Gemeinwesen bildeten. Der nach dem Grossen Erdbeben von 1356 neu aufgebaute Klosterbezirk wurde 1417 wiederum empfindlich heimgesucht, da sich ein beim Barfüsserplatz ausgebrochenes Grossfeuer bis nach St. Alban ausgebreitet hatte. Die Reformation entzog dem Gotteshaus seine wenigen Kunstschätze, und für einen sorgfältigen baulichen Unterhalt mangelte es fortan am nötigen Verständnis. Erst 1845 konnte sich die Regierung zur Wiederherstellung des verlotterten Bauwerks entschliessen. Die 1284 erstmals genannte ‹Mühle im Baumgarten› wurde im 14. Jahrhundert von den Müllern Heinrich Spisselin und Nicolaus zum Spiegel betrieben und demnach als ‹Spisselinsmühle› bzw. ‹Spiegelmühle› bezeichnet. An Zinsen hatten die Lehensträger dem Kloster jährlich ‹4 Seck Kernen, 4 Seck Roggen oder Mülykorn und 1 Fasnachtshuhn› zu entrichten sowie einen Schnitter während der Heuernte zu stellen. 1838 verkaufte der letzte Müller, Rudolf Müller-Linder, die seit der zweiten Hälfte des 17. Jahrhunderts ‹Hirzlimühle› genannte Liegenschaft dem Lohnwascher Jakob Bieler. Dieser erhöhte das Haus um zwei Stockwerke und liess offenbar die Fassade mit einem springenden Hirschen schmücken. Aquarell von Johann Jakob Neustück.

Die Einfahrt zur Dompropstei an der Rittergasse (18), 1865. Über dem Torbogen ist ein aus Holz geschnitztes ‹Guggehyrli› angebracht, das dem Benützer die Beobachtung des Geschehens vor seinem Hause gestattete, ohne gesehen zu werden! Dies mag indessen den Fuhrmann bei der Erledigung seines ‹Geschäftes› nicht beunruhigt haben. Auch das elegant gekleidete Paar, das gemessenen Schrittes der St.-Alban-Vorstadt entgegenstrebt, zeigt sich indifferent. Die Mauer, welche die Gartenanlage der Dompropstei am St.-Alban-Graben den Blicken der Öffentlichkeit entzog, ist 1885 von den Architekten Vischer & Fueter abgetragen und im Auftrag von Bandfabrikant Carl Bachofen-Burckhardt neu aufgerichtet worden, wobei die Regierung eine Maximalhöhe von 2 Metern vorgeschrieben hatte. Das rechts anschliessende ehemalige Pfrundhaus des Kaplans der Dompropstei gelangte 1841 in den Besitz des Arztes Dr. Ludwig Imhoff-Heitz und wird seither als ‹Im Höfli› bezeichnet. Aquarell von Karl Eduard Süffert.

Der Zimmereiplatz von Ludwig Paravicini in den Thorsteinen 20/22, um 1830. Mit der gegenüberliegenden Brauerei Merian prägte die Paravicinische Zimmerei den von schöngewachsenen Bäumen beschatteten Strassenzug ‹Thorsteinen›, der vom Klosterberg bis zum Steinentor führte. Das ausgedehnte Anwesen reichte bis zum Birsig, welcher der Sägerei ihre Betriebskraft lieferte. Paravicinis Vater hatte die ‹Behausung zum St. Andreas samt Nebenhaus, Stallung, Schopf, Remise, Hof, Garten, Sodbrunnen und Fischbehälter› anno 1801 aus dem Besitz von Johann Rudolf Gemuseus erworben. Die nur ungenügend unterhaltene Liegenschaft, die zwischen den Werkstätten von Rotgerber Johann Falkeisen und Seidenfärber Johann Jakob Wybert lag, wurde später von den Brüdern Lang aus Fulda bewohnt. Adam, Georg, Andreas, Anton und Simon waren wegen ihrer aussergewöhnlichen Musikalität stadtbekannt. Das Quintett bildete den Kern der Allgemeinen Musikgesellschaft. Die Brüder Lang wurden ‹zu Anfang der 1830er Jahre nach Basel berufen, zu einer Zeit, wo der Dilettantismus der Aufführung hervorragender Werke hindernd im Wege stand. Mit ihnen kam ein anderer Geist ins Orchester. Präzision, Feinheit und Feuer traten an die Stelle des Schlendrians, und das Publikum erhielt erst jetzt Gelegenheit, die klassischen Sinfonien mit einer Schönheit ausgeführt zu hören, von der man bisher keine Ahnung hatte. Wenn die Gebrüder Lang in der Brauerei Merian konzertierten, strömte das musikalische Publikum zusammen, und die Thorsteinen sah aus wie ein Boulevard. Anton war Flötist, Georg und Simon waren Hornisten, Adam Fagottist und Andreas ein nicht mehr übertroffener Klarinettvirtuose.› 1873 wurden die Gebäulichkeiten vom Allgemeinen Consumverein übernommen, der im Umbau Verwaltung, Bäckerei und Zentralmagazin unterbrachte. Aquarell, Wilhelm Oppermann zugeschrieben.

30/31>

Der Aeschenschwibbogen, um 1840. Das gedrungene Eingangstor zur Freien Strasse wird 1261 erstmals erwähnt. Seine aufwendig geschmückte Fassade trug vorstadtwärts sowohl eine Sonnenuhr als auch eine Turmuhr, unter welcher der Sinnspruch geschrieben stand: ‹Hin geht die Zeit, her kommt der Tod. Hüt' dich vor Feind und fürchte Gott.› 1545 wurde der Torbogen, dessen Dach ‹zuogespitzt war›, wegen eines gefährlichen Risses von der höchsten Partie bis etwa zur Hälfte verkleinert und mit einem viereckigen Zinnenkranz versehen. Die äusserst enge Passage führte immer wieder zu Klagen seitens der Anwohner und der Kaufleute. 1840 wurde deshalb die Wegschaffung des Gefängnisturms mit ‹den guten dicken Mauern› beschlossen, der indessen schon lange nicht mehr als sicheres Verliess für Schwerverbrecher beansprucht worden war. Das links anschliessende Mehlwägerhäuschen wurde 1842 durch den Schilthof ersetzt. An die Stelle der Staatsschreiberwohnung bzw. des Kriminalgerichts kam im Jahre 1900 die Handwerkerbank bzw. das 1964 eröffnete neue Bankgebäude der Schweizerischen Kreditanstalt zu stehen. Aquarell von Johann Jakob Neustück, 1855.

Die Blömleinkaserne im ehemaligen Steinenkloster, 1869. Basels erster Frauenkonvent, derjenige der Reuerinnen zu St. Maria Magdalena an den Steinen, verstand es, sich 1230 unter den persönlichen Schutz von Papst Gregor IX. zu stellen. Satzungsgemäss hatte das Nonnenkloster gefallenen Mädchen und ‹fahrenden Weibern› Gelegenheit zur Bekehrung anzubieten. In Wirklichkeit aber bewohnten schon bald vornehme Töchter aus baslerischem und elsässischem Adel die Stätte strengster Klausur. Die nachreformatorische Zeit öffnete die klösterliche Abgeschiedenheit dem geschäftigen Treiben des irdischen Lebens. Der Chor des Gotteshauses wandelte sich zum Lagerraum für Salz und Messbuden, bis gegen Ende des 18. Jahrhunderts die Standestruppe der Stänzler Einzug hielt. Dieses stehende Heer en miniature, eine Ansammlung von trinkfesten Hasardeuren, hatte für Ruhe und Ordnung in der Stadt zu sorgen! 1868 wurden die ‹beschämenden Ruinen› niedergerissen und durch Neubauten (Kunsthalle, Theater, Schulhaus) ersetzt. Der Klostermauer entlang wickelte sich Basels Viehhandel ab, welcher ‹durch das infernalische Konzert der fressenden und grunzenden Säuli› noch lange in der Erinnerung der Bürgerschaft haften blieb. An dem 1821 zum Steinenberg aufgefüllten innern Stadtgraben (Rahmengraben) steht das Gemeindeschulhaus St. Leonhard (heute Verwaltung des Historischen Museums), welches später von Ludwig Adam Kelterborn bewohnt wurde, der an der ebendaselbst untergebrachten Zeichnungs- und Modellierschule der Gemeinnützigen Gesellschaft (GGG) die Kinder auch in kunstvollen Handarbeiten unterwies. Seit kurzem erinnert der Name der Klostergasse ebenfalls ans ehemalige Steinenkloster. Aquarell von Johann Jakob Schneider.

3

Das Aeschentor, um 1860. Der quadratische Turm am Ausgang der Aeschenvorstadt war, trotz seiner schlichten Bauweise, Basels bedeutendstes Eingangstor vom Jura her. Bis 1801 bewahrte das ‹Eschenthor›, das neben dem Spalentor einzige Stadttor, das in Kriegszeiten offengehalten wurde, seine ursprüngliche Gestalt mit von zwei kreisrunden Türmchen bewehrtem Barrierenhof. Dann fanden der Sternenwirt und der Bärenwirt in der Vorstadt, es sei an der Zeit, die ‹zwey kleinen Thürnlein, deren daseyn nichts nützet›, endlich abzubrechen, da die in den ‹Canton› fahrenden Weinwagen wegen der schlechten Durchfahrt einen Umweg zu nehmen hätten. Das Aeschentor gehörte zu den sogenannten Sperrtoren, die während der Nachtzeit gegen Entrichtung eines Sperrgeldes verspäteten Einheimischen und Fremden Einlass gewährten. So hatten Personen, die das Aeschentor nach Mitternacht passieren wollten, vier Batzen zu bezahlen. ‹Doch gab es viel benutzte Sperrabonnemente, die in hübscher Abstufung die sozialen Unterschiede zeigten, die auch im Verkehr sorgfältig beachtet wurden.› 1858 forderte der Bau des Centralbahnhofs den Abbruch des äussern Zollhäuschens, das Auffüllen des Stadtgrabens zwischen dem Aeschentor und dem Steinentor und das Niederlegen des Aeschenbollwerks. 1861 musste auch das Tor selbst der Stadterweiterung weichen. ‹Die Zähigkeit der Fundamentmauern› verursachte den Bauleuten jedoch noch 1885 ‹harte Arbeit›. Aquarell von Anton Winterlin.

Das Landgut ‹Luftmatt›, um 1855. Das schon 1660 genannte Landgut ‹vor Eschimer Thor ausserhalb dem Käppelin gegen St. Jacob› ist von Jeremias Wildt-Socin vom Petersplatz, einem der reichsten Männer Basels seiner Zeit, unter Zukauf von Rebgelände zu einem stattlichen Herrensitz arrondiert worden. Um 1770 waren die ungefähr 60 Jucharten haltenden ‹Luft-Matten› mit einem Wohnhaus, dazugehörigem Roßstall und einem Lehenhaus samt Scheunen, zwei Kuhställen und zwei Sodbrunnen überbaut. Von einem ernsthaft erwogenen Umbau des Landguts nahm der kauzige Rechenrat Wildt Abstand, ‹weil niemand ein altes Kleid mit einem Lappen von neuem Tuch flickt›! Dem erfolgreichen Handelsmann, der sich gar schrecklich vor Krankheit, Tod und Teufel fürchtete, mag auch in anderer Hinsicht sein altes Landgut ans Herz gewachsen sein, liess er doch mit Vorliebe seine Garderobe auf dem ‹Hysli› aufhängen, da er gehört hatte, dass der ihm entströmende, an den Kleidern haftende ‹Wohlgeruch› der Gesundheit ganz besonders zuträglich sei! Während das Herrenhaus in der ersten Hälfte des 19. Jahrhunderts dem Zerfall überlassen wurde, hat sich ‹das friedliche Bauerngut mit seinem behäbigen Hof und seinen grünen Matten bis in die jüngste Zeit (1932) unangetastet behaupten können›. Aquarell von Anton Winterlin.

Die Barfüsserkirche und der Löwenbrunnen, um 1820. Zu der schon 1256 benützten Kirche der franziskanischen Bettelmönche, ‹deren Chor das höchste an dem ganzen Rheinstrohm seyn soll›, gehörte bis 1529 auch ein Laienfriedhof. Während letzterer nach der Reformation zu einem öffentlichen Platz umgestaltet wurde, fanden im Kirchenschiff bis 1794 protestantische Gottesdienste statt. Dann wurde dieses ebenfalls, wie der Chor, zur Lagerhalle für Kaufmannsgüter degradiert. 1799 erklärten die Behörden die Barfüsserkirche zum Salzmagazin, obwohl verantwortungsbewusste Fachleute wegen Salzfrasses davon abgeraten hatten. 1882 beantragte die Regierung dem Grossen Rat den Abbruch der Kirche. Ihr Schicksal hing wirklich an einem Haar: Mit 52 gegen 50 Stimmen verweigerte die Legislative dem Vorhaben die Zustimmung! Noch hatte das ehemalige Gotteshaus als Pfandleihanstalt, Ankenmarkt, Gantlokal und Stall für Zirkuspferde zu dienen, ehe es 1894 restauriert und für die Aufnahme der Sammlungen des Historischen Museums eingerichtet wurde. Weil die Schweinehändler seit undenklichen Zeiten ihre Stände und Hürden in der Mitte des Platzes aufschlugen, heisst der Barfüsserplatz im Volksmund bis auf den heutigen Tag ‹Seibi› oder ‹Säuplatz›. Neueren Datums ist die Bezeichnung ‹Barfi›. Der mit einem schildhaltenden Löwen gekrönte Brunnen ist nach dem Jahre 1600 errichtet worden und fand bis zu seiner Wegschaffung anno 1821 vorab als Tiertränke Verwendung. Hinter dem Brunnen ist das damalige Zollstüblein zu sehen. Aquarell von Johann Jakob Neustück, 1855.

Der Barfüsserplatz, um 1820. Um das Jahr 1758 tritt der Barfüsserplatz, auf dem während Jahrhunderten Holz und Kohle gehandelt worden sind, als eigentlicher Markt- und Messeplatz in Erscheinung. 1821 erhielt der in der Zwischenzeit mit Bäumen bepflanzte Platz ein neues Gesicht, als verschiedene Klosterbauten samt der angrenzenden Stadtmauer und ihren Türmen abgerissen und durch das Gesellschaftshaus (Stadtcasino) ersetzt wurden. 1843 veränderte der ‹Neue Platz› durch den Bau des pompösen Kaufhauses nochmals entscheidend sein Aussehen, denn der zwischen der Kirche und dem Steinenberg angelegte Ladeplatz war durch drei grosse Portale vom Barfüsserplatz her zugänglich. Die weiträumige Güterhalle entsprach den Bedürfnissen jedoch nicht lange; an ihrer Stelle erstand 1876 der Musiksaal. Von 1883 bis 1929 wurde auf dem Seibi auch Grosshandel mit Gemüse und Obst betrieben. Die 1936 aufgerichtete ‹Klagemauer› ist 1979 wieder abgetragen worden. Links aussen die Mädchenschule und die Pfarr- und die Schaffnerwohnung. Im Hintergrund die Almosenschaffnei, der Wasserturm und der Eselsturm. Rechts das Haus ‹Zum Vogel Strauss› (Barfüsserplatz 16). Auf dem Bänklein sitzt Lukas Keller, Wundarzt und Chirurg der Stadtgarnison. Aquarell von Johann Jakob Neustück, 1847.

4

Die Hoffassade des Hintergebäudes des Rathauses, um 1850. Zu Beginn des 19. Jahrhunderts bedurfte der nach dem Eintritt Basels in die Eidgenossenschaft von Grund auf neu aufgeführte ‹Palast der Herren› einer dringenden Instandstellung. ‹Denn es ist kaum zu begreifen, wie das reiche und elegante Basel, wo alle Bürgerhäuser sich durch Reinlichkeit auszeichnen, so ein zerfallendes, gar nicht unterhaltenes Rathaus mit so schlechten, aller Würde und allem Geschmack hohnsprechenden Rathszimmern dulden könne.› 1824 bis 1828 erfolgte denn auch eine gründliche Erneuerung der Rathausbauten, wobei namentlich der Grossratssaal erhöht und mit einem zeitgemässen Intérieur versehen und die Freitreppe sowie das Standbild des Munatius Plancus an den heutigen Platz verlegt wurden. Das 1608 von Hans Bock mit einem ‹Pannermeister› übermalte Christophorus-Gemälde erhielt ebenfalls eine neue Fassung, dadurch dass Johann Senn die spätromantische Architekturbemalung mit einem ‹gepanzerten Basler Krieger› akzentuierte. Der Neubau von 1902 verlieh der Hoffassade des Rückgebäudes wiederum ein neues Antlitz. Aquarell von Johann Jakob Neustück.

Der Marktplatz, 1651. Der vermutlich bis 1260 vom offenen Birsig geteilte ehemalige Kornmarkt war der Stadt belebtester Platz. Bis ins 15. Jahrhundert wurden auf dem Kornmarkt nur Getreide, Wein, Holz, Mues, Heu und Stroh gehandelt. Obst, Gemüse, Eier, Butter, Hühner und Gänse waren auf dem Münsterplatz zu verkaufen. Den Anwohnern dagegen war erlaubt, in ihren Gaden, die den Kornmarkt umsäumten, gesottenes und gebratenes Fleisch, Würste, Kutteln, Häringe, Wildbret, Vögel und Lebkuchen feilzubieten. Als Wahrzeichen der Gerichtshoheit stand vor dem Haus ‹Zum Pfauen› der sogenannte heisse Stein, auf welchem Todesurteile an politischen Verbrechern vollstreckt wurden. In seiner Umgebung waren ein Galgen, das Halseisen, die Schmachsäule, das hölzerne Pferd und die Trille aufgestellt. Auf das Schäftli, eine um 1610 errichtete steinerne Säule, hatten (bis um 1830) Übeltäter und Frevler zu steigen. Wehrlos dem Spott preisgegeben waren auch die Delinquenten, die das hölzerne Pferd, den Esel, zu reiten oder sich in die Trille (ein rotierendes Gestell für Obstdiebe) zu setzen hatten. Der Sevogelbrunnen mit dem heilsamen Wasser gegen Heimweh im sogenannten Wurstwinkel musste 1888 dem Bau der Marktgasse weichen und steht seit 1899 auf dem Martinskirchplatz. Das Haus ‹Zum Pfaueneck› an der Sporengasse (in der Bildmitte) ist 1890 mit 12 weiteren Liegenschaften der Vergrösserung des Marktplatzes zum Opfer gefallen. Die leicht gebogene Häuserfront ‹in der Tiefe› zwischen der Hutgasse und Sattelgasse ist 1908 korrigiert worden. Aquarell von Constantin Guise, nach einem Kupferstich von Jacob Meyer, um 1840.

Die mittlere Freie Strasse, um 1830. Die seit der Römerzeit bekannte Landstrasse, die älteste Hauptstrasse Basels, führte ursprünglich durch offenes, unüberbautes Gelände und stand unter dem besonderen Schutz der Herrscher. Als Reichsstrasse kam ihr gleichsam der Status einer Zollfreistrasse zu, was den Namen ‹Freie Strasse› erklärt. Noch im letzten Jahrhundert ‹war sie eine heimelige Strasse, schmal, auch etwas krumm und mit den berühmten Rheinkieseln da und dort recht holprig gepflastert. Dazu besass sie einen Reiz, welcher einer modernen Strasse durchaus abgeht: Die Bewohner kannten sich gegenseitig. Vieles wäre da zu erzählen von geschwätzigen alten Frauen, welche an Sommerabenden, das Blättlein in den Händen, unter der offenen Ladentüre standen und die Tagesneuigkeiten studierten und zugleich die Vorübergehenden einer scharfen Censur unterzogen. Durchgreifende Veränderungen erlitt die Strasse erst nach 1850. Und in den sechziger Jahren entstanden die ersten Läden mit grossen Devanturen und gewaltigen Scheiben, wie man es bisher in Basel nicht gewohnt war.› Links die Häuser ‹Zum Stäblin› und ‹Zum Ehrenfels› sowie der Gasthof ‹Zum wilden Mann›, rechts die Goldene Apotheke und das Haus ‹Zum blauen Schwan›. Aquarell von Louis Dubois.

Die untere Freie Strasse, 1875. Am Eingang zum Rüdengässlein die 1638 im Haus ‹Zum schönen Eck› von Friedrich Eglinger gegründete und 1862 von Dr. Friedrich Geiger übernommene Goldene Apotheke. Auf der andern Seite des ‹Gesslins, als man von dem Brunnen zer Kuttelbrugg gat›, die Häuser ‹Zum Stäblinsbrunnen› und ‹Zum goldenen Kranich›, in welchen die Material- und Farbwarenhandlung Niklaus de Hieronymus Bernoully und Sohn domiziliert war. Anschliessend die ebenfalls schon im frühen 15. Jahrhundert genannten Häuser ‹Zum Waldshut› von Zuckerbäcker Friedrich Kissling und ‹Zum Frauenstein› von Spengler Johann Jakob Steinmann. Vor dem 1853 eröffneten Postgebäude halten einige Herren ‹Ständerat›. Der schon 1380 urkundlich erwähnte Stäblinsbrunnen ist 1833 aufgrund einer Zeichnung des Architekten Melchior Berri neu erbaut worden. Der von Simson und Delila bekrönte Brunnen musste 1878 dem Erweiterungsbau der Post weichen. Seither sitzt das streitbare alttestamentliche Liebespaar auf dem Brunnenstock des Barfüsserplatzbrunnens. Schon 1880 bot sich der Bevölkerung gegenüber der Schlüsselzunft ein völlig neues Bild: ‹Da wo früher die gemüthliche Lang'sche Wirthschaft am Rüdengässlein den Postangestellten einen frischen Trunk bot, wo eine Materialhandlung nicht müde wurde, die Umgebung mit dem bekannten Drogueriengeruch zu versehen, wo später Käsbuden nothdürftig ihren Mann resp. ihr altes Weiblein nährten, da erhebt sich jetzt die neue Post.› Aquarell von Johann Jakob Schneider.

50/51>

5

Das Kaufhaus vom Rindermarkt (Gerbergasse) her gesehen, 1847. ‹Das Kaufhaus ist die allgemeine Ablage aller nach Basel kommenden Waren. Es besteht zur Erleichterung des Verkehrs und des Frachtfuhrwesens sowie zum Bezug der damit verbundenen Zölle. Alle diejenigen Güter, welche nicht unabgeladen hier durchpassiren, oder welche die Kaufleute nicht in ihren Magazinen lagern wollen, werden daselbst abgeladen, gewogen und weitergesendet. Das Quantum der durch das Kaufhaus gegangenen Waren betrug 1839: 640 300 Centner. Das Gebäude ist eine der originellsten Schöpfungen des späten Mittelalters. Die mächtige Bürgerschaft wollte nicht nur das Rathaus, den Sitz ihrer Gewalt, auf's herrlichste mit allen Mitteln schmücken, sondern auch das Kaufhaus, wo die Waren lagerten, welche den Reichtum der Stadt begründeten.› Für die getreue Geschäftsführung war der Kaufhausschreiber verantwortlich. Ihm zur Seite standen die Kaufhausknechte, denen das Entladen und Beladen der Wagen oblag, Packer, Ballenbinder und Fuhrleute. Einer dieser Unterbeamten musste immer präsent sein, und wollte er zum Weine gehen, dann hatte er die Schenke zu bezeichnen, ‹damit man ihn zu finden wisse›. Die an sich wichtigste Funktion aber versahen die Unterkäufer. Sie vermittelten die eingetroffenen Waren, die sie in einem verschliessbaren ‹Byfang› oder ‹Gaden› aufgestapelt hatten, gegen Provision an Kaufinteressenten. Verboten war ihnen, ‹böse Käufe› zu tätigen, wie Waren zu verkaufen, die nicht vorhanden waren, oder Zwischenhandel zu treiben. Der unaufhaltsame Aufschwung der Gütereinfuhren zwang 1846 zum Bezug des neuen Kaufhauses am Barfüsserplatz. Und das alte Kaufhaus wurde (unter Einbezug des prachtvollen spätgotischen Portals) für die Bedürfnisse der Post umgebaut, die bis dahin im heutigen Stadthaus untergebracht war. Aquarell von Peter Toussaint.

Fronfastenmarkt auf dem Marktplatz, 1828. Links aussen, am Eingang zur Freien Strasse, das Zunfthaus zu Weinleuten. Bis ins Jahr 1933 wurde in Basel an Fronfasten, d. h. jeweils während der kirchlichen Busswochen zu Beginn eines jeden Vierteljahres, der Fronfastenmarkt abgehalten. So hatte die Bevölkerung, und vorab die Landleute, nicht nur an der Martinimesse (seit 1471) oder während der Pfingstmesse (1471–1494) Gelegenheit, sich mit Gebrauchsgütern aller Art einzudecken, sondern auch an den Fronfastenmärkten, die entweder auf dem Marktplatz oder auf dem Barfüsserplatz, am Petersgraben und ab 1930 bei der Mustermesse stattfanden. Gegen 300 Marktfahrer, von denen viele aus dem Ausland kamen, präsentierten ein reichhaltiges Warenangebot, das sich von Bürsten, Seidenbändeln, Geschirr, Parapluies, Tieren, Korbwaren, Holzfiguren und Federn bis zu Wacholder, Schiefertafeln, Zundel, Fliegenwadel, Mausfallen, Schuhwachs und Unterkleidern erstreckte. Aquarell von Jakob Senn.

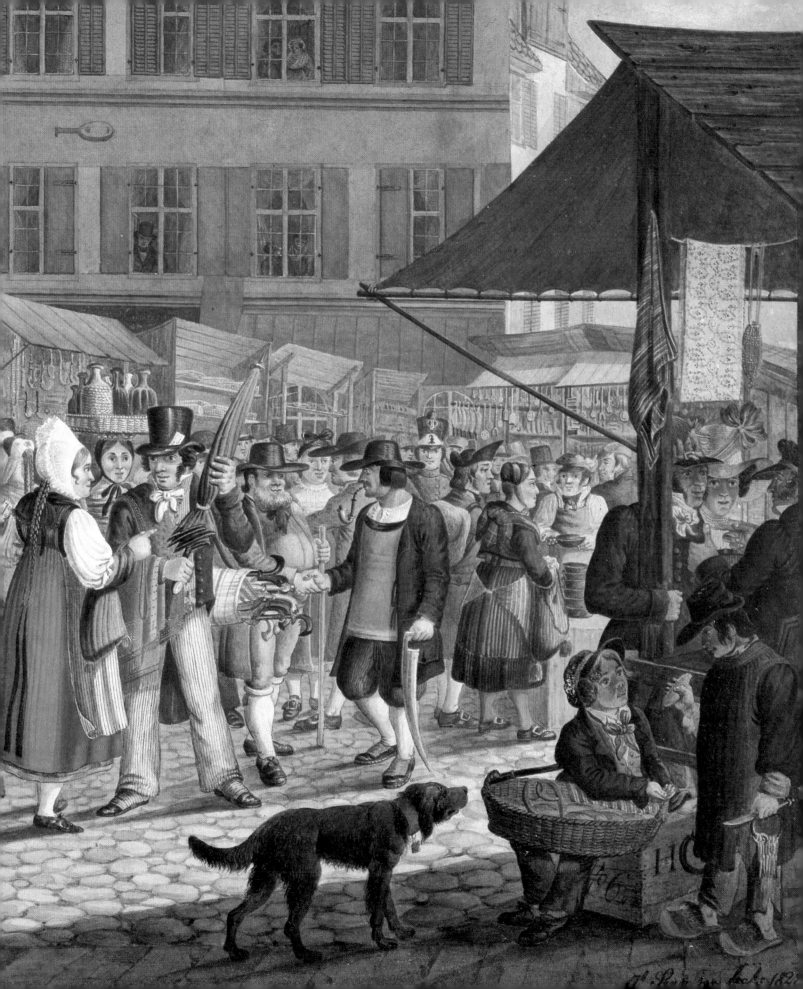

Der St.-Elisabethen-Gottesacker, 1836. Anno 1814 war ‹der Kirchhof bey St. Martin so sehr angefüllt, dass er wirklich keine Leiche mehr fassen kann›. Dieser Notstand veranlasste die Behörden, auf ‹einer Jucharte Matten hinter St. Elisabethen, linker Hand, welche von bürgerlichen Wohnungen ziemlich weit entlegen›, einen neuen Begräbnisplatz anzulegen, dessen tausend Grabstätten ‹für alle Leichen da sind, die nicht in den Kreuzgängen oder auf den Kirchhöfen im Münster, zu St. Alban und zu St. Elisabethen bestattet werden können›. 1848 bedingte das Wachstum der Stadt eine Erweiterung des Gottesackers im ehemaligen Spitalgarten sowie die Errichtung einer Kapelle und eines Leichenhauses. Obwohl ursprünglich jede Bepflanzung der Gräber untersagt war, bot der Friedhof bald das Bild einer sorgsam gehegten Idylle von Bäumen, Sträuchern und Pflanzen. Besonders geeignet erwies sich die Gottesackererde für den Rosenwuchs, konnten doch – zum Ärger der Hinterbliebenen – ‹Weibspersonen nicht nur abfällige Rosenblätter, sondern auch frische Rosen von Gräbern und Rabatten korbweise sammeln und an Tabakfabrikanten verkaufen›! Mit der Eröffnung des Gottesackers auf dem Wolf im Jahre 1872 wurde auch der bisher grösste Friedhof Basels, der St.-Elisabethen-Gottesacker, der ‹die schönsten Denksteine unter den 5 Gottesäckern der Stadt enthält›, aufgehoben. Aquarell von Peter Toussaint.

Die Kapelle zu St. Elisabethen, 1859. Das unscheinbare spätgotische Gotteshaus, das von 1301 bis 1864 in der ‹Vorstadt zu Spitalscheuern› den Gläubigen ausserhalb des Aeschenschwibbogens zugedacht war, ist der heiligen Elisabeth geweiht gewesen. Die Anhänglichkeit an die Patronin der Bäcker, Bettler und der Schwestern der Barmherzigkeit liess eine Vielzahl von kostbaren sakralen Geräten erkennen, die der Erhörung mancher Fürbitte erwachsen waren. 1643 ist das Kirchlein, da ‹der Platz zimlich gering und die Stüel unbequem und zu Zanck und Streitigkeiten, sonderlich dem Weibervolck Anlass geben›, mit neuem Gestühl und neuer Kanzel versehen worden. Das äussere Gewand der Filialkirche von St. Ulrich aber wurde zusehends vernachlässigt, so dass es in seiner ‹dunkeln, unschönen baufälligen Gestalt› störend auf das sonst gepflegte Strassenbild einwirkte. Die Einsegnung der von Christoph Merian gestifteten neuen Elisabethenkirche am 1. Juni 1864 entzog der auch als Garnisonskirche der Stänzler benützten Kapelle die Daseinsberechtigung; das Abbruchgut wurde der Kirchgemeinde Birsfelden überlassen. Hinter der Gottesackermauer, die sich bis zum Haus ‹Zur Krätzen› erstreckte, lag der obere Friedhof zu St. Elisabethen, wo auch ‹die Malefikanten (Hingerichteten) und Selbstmörder an einem abgelegenen Orte, bey den sogenannten Reckholderstauden›, begraben wurden. Aquarell von Johann Jakob Neustück.

58/59>

Der Birsigeinfluss beim Steinentor, um 1860. ‹Dr Birsig isch e woor's Paradies gsi fir d Buebe. Uus de Käller isch me-n-e glai Laiterli oder Hienerstägli abegloffe und in der aigedlig Birsig ko, das haisst uff die langgschdreggti Insle. Do sin Hiener und Änte-n-ummegwagglet, au Kingeliställ hänn d Lyt gha. Und was me do erscht alles hett kenne-n-uffläse vo de Mägd, wo d Wischede- und d Mischtkibel und d Dischdiecher uusglärt hänn!› Die von Goldschmied Adolf Zinsstag geschilderte Bubenromantik kam erst anno 1885 teilweise zum Verschwinden, als sich die Bevölkerung endlich zu einer Korrektion der ‹Cloaca Maxima der grossen Stadt› durchringen konnte. Und es war höchste Zeit, das offene Rinnsal zu sanieren, ist doch auch der flüssige Dung der in der Stadt gehaltenen 600 Pferde, 70 Kühe und 330 Schweine in den ‹ekelhaften Birsigsumpf› geschüttet worden! Die dadurch hervorgerufenen hygienischen Mißstände hatten wenige Jahrzehnte zuvor schreckliche Cholera- und Typhusepidemien ausgelöst, die Hunderte von Todesopfern forderten! Die Birsigüberwölbung im Bereich der Steinen ist erst 1948 eingeleitet worden. Aquarell von Karl Eduard Süffert.

Die Stadtmauer von der Steinenschanze aus gesehen, 1865. Das seit 1547 durch die höher gelegenen Bollwerke ‹Dorn im Aug› (rechts) und ‹Wag den Hals› gesicherte Steinentor bildete Grossbasels Befestigung gegen das Birsigtal. Der auch Hertor genannte quadratische Torturm mit auskragendem Geschoss war während Jahrhunderten mit einem Vorbau versehen, der bis um 1858 als Wachtstube und Torschreiberwohnung diente. Eine auf einem kleinen steinernen Pfeiler ruhende Fallbrücke vermittelte die Verbindung zwischen dem Tor und dem auf der andern Seite des Wassergrabens liegenden Vorhof. Unter zwei tief gesetzten, mit Fallgattern versehenen Rundbogen, über denen sich der von einem Spitzturm geteilte Wehrgang wölbte, stürzte der Birsig in die Steinenvorstadt. Mit dem Abbruch des Steinentors verschwand 1866 der letzte Zeuge der imposanten Wehranlage. ‹Die Steinenschanze war immer ein bedeutender Anziehungspunkt, denn dort gab's noch düstere Gebäude. Auch ging die Sage, dass unter den alten Brettern des Pulverturms noch ziemlich viel verstreutes Schiesspulver herumliege, das für Feuerteufel und Bodensprenger hoch willkommen war. In den Gewölben verwahrten die Buben auch ihre Waffen, die in den Quartierhändeln eine so grosse Rolle spielten: Stecken, Stangen und Knüttel.› 1861 brachten drei Knaben einige Pulverkörner zur Explosion. Die gewaltige Detonation, die in der ganzen Stadt zu hören war, schleuderte die Schüler nach allen Richtungen: Ein vierzehnjähriger Knabe überlebte die schweren Verletzungen nicht. Im Hintergrund die Elisabethenkirche, auf deren Turmhelm am 20. Oktober 1865 die Kreuzblume aufgesetzt worden ist. Aquarell von Anton Winterlin.

Das Zunfthaus zu Schmieden am Rindermarkt, 1859. Florierende Geschäfte im Handel und in der Verarbeitung von Eisen zu Messern, Beschlägen, Uhren, Waffen und zu kunstvollen Gegenständen des täglichen Bedarfs erlaubten der 1255 gegründeten Zunft zu Schmieden im Jahre 1411 den Ankauf der Gebäulichkeiten der aus der Stadt verwiesenen Beginen (frommen Frauen, die der Welt entsagten). Bischof Humbert hatte den Schmieden das Schwesternhaus am Rindermarkt (Gerbergasse), das sich mit Garten und Hof bis zum obern Birsig (Rümelinsbach) erstreckte, gegen 350 Gulden überlassen. War schon die Innenausstattung der Trinkstube wegen ihrer ‹Orlogi›, einer seltenen Uhr mit Gewichtsräderwerk und Horizontalpendelhemmung, und der prächtigen Glasgemälde bemerkenswert, so wirkten die von gotischen Kreuzstöcken durchbrochenen Fassaden mit ihrer grossartigen Bemalung geradezu bezaubernd. Neben Darstellungen aus dem Gewerbe interessierte besonders die Bildgeschichte aus dem Leben des Eligius, des Schutzheiligen der Schmiede, der einem Pferd den abgequetschten Fuss auf wundersame Weise wieder anfügte. ‹Zur Sommerzeit kamen jeweils Engländer und kopierten von der gegenüberliegenden Wohnung aus diese Sehenswürdigkeit.› Weil die Schmiede solchermassen ‹schwer und köstlich› gebaut hatten, ward jeder Zunftbruder, ob arm oder reich, gehalten, bei seiner Aufnahme einen Gulden an das ‹Hausrecht› abzuführen. 1876 war der Zustand der Fresken aber so schadhaft, dass die Kosten für eine Renovation nicht mehr aufzubringen waren. Daher veräusserte 1887 die Zunft ihr Haus, das 475 Jahre lang ununterbrochen in ihrem Besitz gewesen war, für Fr. 130 000.– an die Gesellschaft für das Gute und Gemeinnützige, die es in der Folge für ihre Zwecke teilweise umbaute. Aquarell von Johann Jakob Neustück.

Gant in der Schmiedenzunft, 1838. Zu den bevorzugten Gantlokalen der Stadt gehörte im vergangenen Jahrhundert der Zunftsaal zu Schmieden. Neben Gegenständen des täglichen Gebrauchs gelangten auch ‹Luxusgüter› zum Ausruf, wie ‹5 goldene Ringlein mit guten Steinen, 4 goldene Tabakdosen, 2 Paar goldene Schnallen, 5 silberne Ragout-Löffel und 6 schöne Lichtstöcke›. Bilder und ‹andere Kunstartikel› aber wurden üblicherweise im Stadtcasino versteigert. So liess im Oktober 1838 J. P. Lamy, der an der Freien Strasse ein weit über die Landesgrenzen hinaus bekanntes Antiquitätengeschäft betrieb, 200 Originalgemälde im Casino versteigern, darunter ‹die erhabensten Meisterwerke von Raphael, Leonardo da Vinci, Michel Angelo Buonarroti, Holbein, Rubenz, Rembrand und Murillo›. Liegenschaftsganten kamen dagegen beim Objekt zur Durchführung, wie diejenige des Baders Johann Dill vor dem Riehentor (Clarastrasse 19), ‹das an einer der schönsten Lagen um Basel herum, mit prachtvoller Aussicht in das benachbarte Badische, liegt›. Aquarell von Hieronymus Hess.

Das Pfrundhaus des Bürgerspitals am Spitalgässlein, 1848. Bis zur Gründung eines städtischen Krankenhauses anno 1265 oblag die Pflege der Kranken, Gebrechlichen und Betagten dem Stand der Nonnen und Mönche. Unter den von ihnen geführten Klosterspitälern galt die Armenherberge zu St. Leonhard als das leistungsfähigste. Mit dem Bezug des ‹Grossen Spitals der Stadt Basel› übernahm das Gemeinwesen die Betreuung der ‹Dürftigen und Bettrysen› (Bettlägerigen). Dieses erhob sich, samt Spitalkirche und zahlreichen Nebengebäuden, auf dem einst sumpfigen Gelände ‹im Agtote›, das sich von der Barfüsserkirche bis zu den sogenannten Schwellen an der Freien Strasse erstreckte. Ehe 1408 ein ‹Gesslin› durch das Labyrinth der Gebäulichkeiten der Barfüssermönche gezogen wurde, war der Zugang zum Spital nur durch das Kirchenportal möglich. Die Erträge des umfangreichen Landbesitzes, der sich aus wohltätigen Stiftungen bilden konnte, erlaubten 1501 einen Neubau des Spitals. 1573 liess sich am Spitalgässlein auch ein nur den Bedürfnissen der Altersfürsorge dienendes Pfrundhaus verwirklichen. Zwei Jahrhunderte später waren die Liegenschaften des Spitals so bedenklich in ‹Abgang und Zerrüttung›, dass sie nur mit grösstem Aufwand wieder in Ordnung gebracht werden konnten. Auf die Dauer aber bedurfte das Gesundheitswesen einer fortschrittlicheren Grundlage. Das aus 14 Liegenschaften bestehende Spital an den Schwellen wurde 1842 (samt dem Irrenhaus am Steinenberg) geräumt und das Terrain mit dem neuen Kaufhaus und Geschäftshäusern (an der Kaufhausgasse) überbaut. Aquarell von Constantin Guise.

Der Markgräflerhof an der Neuen Vorstadt, 1860. Im Auftrag von Markgraf Friedrich Magnus in den Jahren 1698 bis 1705 in ‹neuem französischem Geschmack› erbaut, ging das klassizistische Barockpalais an der heutigen Hebelstrasse 1808 kaufweise an die Stadt Basel. ‹Sein zugehöriger, terrassenförmig aufsteigender Garten mit mehrern kleinen Springbrunnen muss nicht ohne Anmuth gewesen seyn; er wurde in letzter Zeit von der Universität als botanischer Garten umgebaut› (1840). Auf wiederholte Intervention des Spitalarztes Professor C. G. Jung entschlossen sich die Behörden 1836, den Markgräflerhof in das Neubauprojekt des Bürgerspitals mit einzubeziehen, das von Architekt Christoph Riggenbach realisiert wurde. Die zeitweilige Residenz der Markgrafen von Baden-Durlach, in welcher während des Durchzugs der Alliierten anno 1814 ein Militär- und Typhusspital eingerichtet worden war, wurde zum neuen Pfrundhaus mit 176 Betten umgebaut. ‹Die Translokation der nicht gehfähigen Pfründer erfolgte am 17. November 1842 in Mietkutschen. Der ‹knorrige Baumriese› auf der Petersschanze ist 1868 von einem orkanartigen Sturm umgelegt worden. Aquarell von Johann Jakob Neustück.

70/71>

Der Fischmarktbrunnen, um 1850. ‹Die Stadt auf dieser Seite liegt auf zwei Hügeln und ist reich an schönen Häusern und Brunnen. Der Palast der Herren (Rathaus) ist sehr schön, mit einem grossen Platz davor, worauf der Markt gehalten wird, mit einem sehr schönen Brunnen und schönen Fleischerbänken. Ebenso ein anderer Platz, wo man die Fische verkauft, ist ein sehr grosser Brunnen mit unsrer lieben Frau und zwei Heiligen (Petrus und Johannes) darauf, worin die Fischer ihre Kästen tun, wenn der Tag dafür da ist; man verkauft nach dem Augenmass und teuer wie das Blut.› Um 1467 beauftragte der Rat Meister Jacob Sarbach, genannt Labahürlin, den 1433 vom venezianischen Konzilsgesandten Andrea Gattari besonders bewunderten Brunnen umzugestalten. Der geschickte Steinmetz liess den kunstvollen Brunnstock, die bis zur obersten Fiale (Türmchen) reich verzierte, mit 15 Figuren besetzte Säule aus rotem Sandstein, unverändert und begnügte sich mit der Restaurierung von Skulptur und Gesimse und der Anfertigung eines neuen Troges. Bis zum Bau der obern Marktgasse stand seit 1615 neben dem grossen Fischmarktbrunnen der kleine Fischmarktbrunnen. Der mit einem Neptun im Lederwams bekrönte Brunnen wurde 1851, unter Beigabe des Sudeltrögleins vom grossen Brunnen, in den Winkel bei den Häusern ‹Zum Helm› und ‹Zum Salmen› versetzt. Im Hintergrund der Gasthof ‹Zum Storchen›, das Haus ‹Zum goldenen Ring› und das Zunfthaus zu Fischern. Aquarell von Johann Jakob Neustück.

Der Weg vom Spalentor nach der Schützenmatte, 1861. Links der Fröschenbollwerkturm und das Fröschenbollwerk. Im Hintergrund das Wirtshaus ‹Zum Mostacker› von Franz Werenfels. Der für jungen Wein gebräuchlichen Bezeichnung ‹Most› entsprechend, wurde die Gegend vor dem Fröschenbollwerk als ‹Mostacker› umschrieben. Zwischen dem heutigen Schützengraben und der Schützenmattstrasse, der Austrasse und der Holbeinstrasse gelegen, blieb hier bis in die zweite Hälfte des vergangenen Jahrhunderts das letzte zusammenhängende Rebgelände des einst bedeutenden Basler Weinbaus erhalten. ‹Unsere Vorväter entfernten sich nicht sehr weit vom Heimatort zu ihren Sonntagsspaziergängen. Sie begnügten sich, in mehr oder minder weitem Umkreis die Stadt zu umschreiten. Diese Spaziergänge nannten sie einen Gang um die Tore. Mit Ausnahme des äusseren St. Albanquartiers, das aus ausgedehnten herrschaftlichen Gärten bestand, lag alles Land noch unter dem Pflug. Das heutige Gundeldingerquartier war ein gewaltiges Kornfeld, durch das wenige Fusswege an die Gundeldingerstrasse hinausführten. Ausser dem Kindermissionshaus an der jetzigen Hochstrasse stand auf der ganzen unermesslichen Ebene nur eine Ziegelhütte. Auf der andern Seite des Birsigs dehnten sich in gleicher Weise die Felder ununterbrochen bis zum Dorenbach› (1912). Aquarell von Johann Jakob Neustück.

74/75 >

Der Spalenschwibbogen am obern Spalenberg, 1837. Bis zur dritten Erweiterung der Stadtbefestigung und dem damit verbundenen Bau des Spalentors Ende des 14. Jahrhunderts bildete der Spalenschwibbogen den Stadtausgang gegen den Sundgau. Der massive, 1428 von Meister Lawelin und 1518 von Hans Frank bemalte Torbogen mit Pyramidendach und Glockentürmchen riegelte den Spalenberg gegen den Leonhardsgraben und den Petersgraben ab. Mit seinen sechs Gefangenschaften lieferte der sogenannte Spalenturm der Bürgerschaft nicht selten willkommenen, angeregten Gesprächsstoff. Für Schwerverbrecher war die nur durch ein Loch zugängliche, ‹fünf Stegen› hohe, mit eichenen Stämmen ausgelegte Gefangenschaft ‹Eichwald› bestimmt. Auch der ‹Hexenkefig› und der dumpfe, mit schweren Ketten und einem ‹eingemauerten Leibstuhl› versehene ‹Saal› dienten für den Gewahrsam gefährlicher Häftlinge. ‹Diese beyden Gefangenschaften sind sehr peinigend und beynahe zum Erstiken eingerichtet.› 1837 wurde der 1652 letztmals erneuerte Spalenschwibbogen, der ‹mehr als irgend ein anderer Schwibbogen einen hässlichen und entstellenden Anblick darbietet›, als Abbruchgut versteigert und durch Maurermeister Remigius Merian im nachfolgenden Jahr zum Verschwinden gebracht. Aquarell von Johann Jakob Neustück.

Das Leimentor auf der Lyss, 1861. Im sogenannten Leimentor oder Lyssturm besass die Stadtmauer zwischen der Steinenschanze und dem Fröschenbollwerk einen kleinen Nebenausgang, welcher ‹das Mostackersträsschen und die Schützenmattstrasse mit den innern Gräben verband›. Als durch den Bau des äussern Befestigungsgürtels die Fortifikation zu Spalen weitgehend ihre Bedeutung verloren hatte, wurde das ursprüngliche ‹Egloffstörlein› allerdings im 14. Jahrhundert zugemauert. Im frühen 19. Jahrhundert hatte das Leimentor aber nochmals seine Aufgabe zu erfüllen, drängten die Bewohner der ersten Wohnhäuser auf dem ‹Mostacker› doch auf einen direkten Zugang zur Stadt. Nach wenigen Jahren wurde der zierliche Torbau indessen erneut als Unterkunft für den Stadtdiener hergerichtet. Auch erhielt er einen ‹Anhang in Riegel mit zwey öffentlichen Abtritten›. Dass die Örtlichkeit der Lyss (das italienische Wort *liccia*, oder häufiger *lizza*, bedeutet Schranke, Sperre) schon im Alten Basel der Befriedigung gewisser menschlicher Bedürfnisse diente, ist aus den Jahrrechnungsbüchern des Rats von 1432 zu ersehen, die den Ankauf von ‹zwey Hüselin, da die hüpschen Frauen sitzen›, ausweisen! ‹Behufs Correction des Strassennetzes› wurde 1861 das sich nun im Besitz des Brennholzhändlers Melchior Villinger befindende Leimentor für Fr. 40 000.– vom Staat übernommen und umgehend abgebrochen. Links aussen, am Durchgang zum Steinengraben, des Schreiners J. H. Ludwig Haus ‹Zur Zimmeraxt›. Aquarell von Johann Jakob Neustück.

Das Kornhaus und der Spalenschwibbogen, 1837. Die Wappen- und Inschrifttafel über dem Eingangsportal zum Kornhaus mit den beiden schildhaltenden Löwen und dem Greifen erinnert an den 1574 erfolgten Umbau der Kirche des ehemaligen Klosters Gnadental zum städtischen Umschlagplatz und Lagerhaus für Korn. Jede Lieferung von ‹Kernen› musste von den Stadtwächtern ins Kornhaus geleitet werden, denn nur hier durfte Frucht gehandelt werden, was den Behörden erlaubte, den gesamten Getreidemarkt zu kontrollieren. Als 1864 der Umsatz einen absoluten Tiefpunkt erreichte, wurde das Kornhaus, das 1849 als Notspital für Cholerakranke eingerichtet worden war, dem Militärkollegium für Truppenunterkünfte zur Verfügung gestellt. Noch ist 1881 das Erdgeschoss zu einer Turnhalle für die Primarschulen umgestaltet worden, ehe das markante Gebäude am Eingang zur Spalenvorstadt 1890 durch die (alte) Gewerbeschule ersetzt wurde. Bis ins letzte Jahrhundert bildete die Örtlichkeit vor dem Spalenschwibbogen die Grenze für jüdische Händler aus dem Sundgau, war ihnen doch der Eintritt in die innere Stadt verwehrt. Links vom Spalenschwibbogen das Spezereiwarengeschäft von Johann Georg Meyer, rechts die in die Stadtmauer eingebaute Tapeziererwerkstätte von Abraham Sixt. Aquarell von Johann Jakob Neustück.

Das Familienkonzert, 1849. Seit alters kommt der Pflege der Musik im baslerischen Kulturleben hohe Bedeutung zu. Auch die Tendenz der Reformatoren, die Begeisterung am Musizieren erkalten zu lassen, vermochte daran nichts zu ändern. Wohl wurden musikalische Aufführungen im öffentlichen und kirchlichen Bereich nach Möglichkeit vermieden, doch Pfeifer- und Trommelmärsche, kultivierte Instrumentalmusik und mehrstimmiger Gesang unterbrachen weiterhin die Eintönigkeit des Alltags. Das Musizieren im Familienkreis fand besonders im 18. und 19. Jahrhundert zahlreiche Liebhaber. Bekannt waren die Familienkonzerte im Blauen Haus, wo Lukas Sarasin, Besitzer einer einzigartigen Musikbibliothek, seinen Freunden und Verwandten Zugang ins Reich der Töne vermittelte. Basels umschwärmter Geiger Jakob Christoph Kachel konnte durch die Gunst des kunstsinnigen Seidenbandfabrikanten im stimmungsvollen Patriziermilieu, das selbst Kaiser Franz I. zu musikalischer Betätigung anregte, auch seine Talente als Kapellmeister und Komponist entfalten. Jahrzehnte später befruchtete das ‹Riggenbachsche Kränzchen› das private Musizieren. Im Kettenhof an der Freien Strasse führte Bankier Friedrich Riggenbach-Stehlin die sangeskundigen Mitbürger zu vokaler Hausmusik zusammen. Die Einladungen zu den Riggenbachschen Hauskonzerten, ‹die in einfachstem Rahmen stattfanden, kehrten sich nicht nach Stand und Rang. Die Untergebenen sahen sich ebenso freundlich empfangen wie die Vertreter der höheren Kreise. Eine solche Einrichtung kommt auf der ganzen Welt nicht vor›. Ölgemälde von Sebastian Gutzwiller.

Das Spalentor, 1838. Die Befestigungsarchitektur mit dem künstlerischen Schmuck einzigartig verbindend, schirmte das Spalentor die Stadt in majestätischer Würde gegen den Sundgau. Der von zwei mächtigen Rundtürmen flankierte quadratische Torturm wird 1428 als das ‹newe tor ze Spalen› genannt und hatte wohl eher der Repräsentation des wohlhabenden und kunstverständigen baslerischen Gemeinwesens zu dienen als fortifikatorischen Zwecken. Vortürme und Vorhof, von einem hohen Hag aus starken Pfählen eingefriedet, sind um 1473 errichtet worden. Verfügten noch 1810 die Behörden ausdrücklich die Erhaltung der Fallbrücke wie der Wolfsgrube, so schienen ihr 1813 die beiden Rundtürme der Strassensperre vor dem Graben überflüssig. 1866 wurden auch die Ringmauern am Schützengraben und am Spalengraben abgebrochen. Die besonders von den elsässischen Landleuten innig verehrte Muttergottes wurde samt den beiden Propheten (wohl Jesaja und Micha) um das Jahr 1430 an der Westfassade angebracht. Bis zur Mitte des letzten Jahrhunderts warfen sich die Gläubigen ‹auf offener Strasse auf die Knie und erhoben, unbeirrt durch das oft sehr profane Treiben um sie herum, namentlich an Markttagen, wo ungezogene Schwein- und Kuhherden das Tor passirten, inbrünstig die Hände zur mächtigen Fürbitterin›. Aquarell von Constantin Guise.

Die Fröschgasse und das Fröschenbollwerk, 1861. Bis um die Mitte des vergangenen Jahrhunderts führte die innere Schützenmattstrasse den Namen ‹Fröschgasse›. Links aussen das Haus ‹Zur Trotte›, welches bis um 1600 nur aus Scheune und Trotte bestand. Solche Annexe waren in dieser Gegend mancher Hofstatt für die Verwertung der Trauben aus dem nahe gelegenen Mostacker-Rebgelände angegliedert. Es waren indessen nicht in erster Linie Rebbauern, Weinleute und Küfer, die an der Fröschgasse wohnten, sondern zahlreiche Schmiede und Wagner. Gar ‹malerisch nahm sich die Schillingsche Schmiede aus, besonders, wenn sie nachts vom Schmiedefeuer erleuchtet war›. Das zwischen dem Leimentor und dem Voglerstor gelegene Fröschenbollwerk wurde im Jahre 1550 errichtet. Das Bollwerk erstand am Ort des ehemaligen Brunnmeisterturms und war mittels einer Auffahrt durch ein Rundbogentor für Geschütze zugänglich. Die im Zinnenkranz eingeflochtenen Wachthäuschen konnten über eine Treppe erreicht werden. Der unter einem schmalen Barocktörlein einfliessende Überlauf des vom Dorenbach gespiesenen städtischen Teuchel- und Fischweihers beim Schützenhaus soll mit seinen quakenden Fröschen dem Bollwerk seinen Namen gegeben haben; es wurde 1865 abgebrochen. Mit dem Bau des Spalenschulhauses, das an das Fröschenbollwerkareal anstösst, wurde Ende 1877 begonnen. Aquarell von Johann Jakob Neustück.

86/87>

Die Rittergasse am Eingang zum Münsterplatz, 1860. Links aussen der Schönauerhof, dessen Querfassade sich dem Hasengässlein entlangzog. Auf dem Schluß-stein des gotischen Torbogens ist das Wappen des Domdekans Johannes Wiler angebracht, der das Haus bis 1450 bewohnte. Das seit 1783 dem städtischen Bibliothekar als ‹Natu-ralwohnung› zugewiesene Gesässe diente von 1859 bis zu seiner Ersetzung durch das Real-schulhaus (1885) noch als Unterrichtsgebäude. Dem ebenfalls 1885 abgebrochenen Kapi-telhaus ist das Antistitium angebaut, die Amtswohnung des Oberstpfarrers am Münster. 1860 wurde im Hinblick auf die Verbreiterung der kaum 4 Meter schmalen Passage zum Münsterplatz die Fassade auf die heutige Strassenflucht zurückgenommen. Rechts das (nicht mehr sichtbare) 1838 neuerbaute sogenannte Rote Schulhaus. Der in die Rittergasse vorspringende Teil der schon 1193 erwähnten Maria-Magdalena-Kapelle an der Süd-westecke des grossen Kreuzganges ist samt dem anschliessenden Münsterkeller, in wel-chem der Wein und das Korn für die 24 Pfründen der Domherren aufbewahrt wurden, im Zuge der angeordneten architektonischen Korrektionen ‹der Wegräumung der hässlichen Anbauten› anheimgefallen. Aquarell von Johann Jakob Neustück.

Das Stachelschützenhaus am Petersplatz, um 1850. Der mit uraltem Baumbestand besetzte Petersplatz galt als ‹klassischer Lustgarten und Sportplatz des mittelalterlichen Basels›. Hier übten sich auch die Armbrustschützen in ihrer Kunst. Bis ins frühe 17. Jahrhundert fand die Armbrust als Kriegswaffe Verwendung. 1415 war die städtische Rüstkammer im Rathaus mit 324 solchen Präzisionsinstrumenten und 60 000 Pfeilen angefüllt. Ihre Schiessübungen hielten die Bogenschützen im sogenannten Schutzrain entlang der Stadtmauer gegen die heutige Bernoullistrasse ab. Zur Aufbewah-rung der Requisiten erbauten die Stachelschützen schon im 14. Jahrhundert bei der Zielstatt ein ‹Hüselin›. Unter Schützenmeister Fridolin Ryff wurde 1546 ein eigentliches Schützen-haus errichtet, auf Stein- und Holzpfeilern ruhend, mit Fachwerk versehen und an die Stadt-mauer und den Armbrustschützenturm angelehnt. Schnitzereien und künstlerische Bema-lung liessen erkennen, dass nicht mehr die militärische Verwaltung, sondern eine ‹Sport-schützengesellschaft› für den Betrieb zuständig war. 1729 erfolgte eine gewisse Zweckent-fremdung dadurch, dass im Haus, das noch immer über keine gläsernen Fenster verfügte, ein ‹physicalisches Laboratorio› eingerichtet wurde. 1856 erlosch die Gesellschaft der Sta-chelschützen buchstäblich an Altersschwäche. Das offene Erdgeschoss, das als Schießstand gedient hatte, wurde zugemauert und zu einem Klassenzimmer hergerichtet. Den 1. Stock belegte eine Möbelhandlung, bis 1893/1916 das Stachelschützenhaus für die Bedürfnisse der Hygienischen Anstalt umgebaut wurde. Aquarell, Achilles Bentz zugeschrieben.

90/91>

9

Die Predigerkirche und das Schellenwerk, 1859. Beim Grossen Erdbeben von 1356 blieb von der Kirche der Dominikaner, die seit 1233 durch Predigen, Beichthören und Werke der Nächstenliebe segensreich in der Stadt wirkten, nur der Chor stehen. Mutwilliger Zerstörung anheimgefallen ist dagegen 1805 der Prediger weltberühmter Totentanz, welcher der Bevölkerung ‹die Betrachtung der Sterblichkeit› eindrücklich vor Augen geführt hatte. 1877 wurde die ehemalige Dominikanerkirche, die während Jahren als Salzmagazin wie als Gottesdienstraum für die Französische Gemeinde verwendet worden war, der christkatholischen Kirche überlassen. Den östlichen Klosterflügel, der den Bettelmönchen als Sakristei und Bibliothek gedient hatte, bauten die Behörden 1769 zum Schellenwerk um. Die Insassen, ‹Strolche und sonstige schädliche Leute›, hatten während ihrer Arbeit als Strassenwischer nicht nur Halshaken und Ketten zu tragen, sondern auch Glöckchen, die von einer Flucht abhalten sollten. Mit einer kurzen Haftstrafe musste u. U. auch derjenige rechnen, der seinen Hund ‹anders als angebunden in der Stadt herumführt. Sich ohne Aufenthaltskarte von der Polizei länger als 8 Tage in Basel aufhält. Sich des Herausschüttens von Unreinigkeiten aus den Fenstern schuldig macht oder sich am Sonntage von 9–10 Uhr Morgens und 3–4 Uhr Abends mit einer Chaise in der Stadt herumfahren lässt› (1840). Die Erweiterung des Bürgerspitals führte 1864 zur Verlegung der Strafanstalt an die Spitalstrasse. Aquarell von Johann Jakob Neustück.

Das Zeughaus am Petersgraben, 1855. Während der unsichern Zeit der Armagnakenzüge liess der Rat das Areal des ehemaligen Judenfriedhofs am Petersplatz durch ein Zeughaus überbauen. ‹Nach Christi Geburt 1440 war diss Hauss vollbracht.› Der einstöckige, langgestreckte Profanbau mit den markanten Treppengiebeln zählte während Jahrhunderten zu den Sehenswürdigkeiten unserer Stadt. Die bedeutendste Rüstkammer der Alten Eidgenossenschaft war nämlich nicht nur mit einer erstaunlichen Menge imposanter Feldgeschütze und verschiedenartigsten Handwaffen angefüllt, sondern auch mit kostbaren Wandgemälden von Lawelin und Konrad Witz ausgestattet. Das nach dem Brand von 1775 ‹in einem höchst elenden Geschmack ganz wieder erbaute› Waffenarsenal zu St. Peter diente bis zum Bezug des neuen Zeughauses zu St. Jakob anno 1914 seiner Zweckbestimmung. 1936 musste das einzigartige Baudenkmal durch Volksbefragung (18473 Ja gegen 9937 Nein) dem neuen Kollegiengebäude der Universität weichen. Im Februar 1855 war die Stadt von einem ungeheuren Schneefall überrascht worden. Für die Wegräumung der Schneemassen, die 75 Zentimeter hoch auf Häusern und Strassen lasteten, mussten 420 Arbeiter eingesetzt werden, was ‹exorbitante Ausgaben› von über Fr. 13 000.– erforderlich machte. Gouache von Louis Dubois.

94 / 95 >

Der Schneiderhof, um 1830. Inmitten des gegen die Friedmatt gelegenen Obstgartens stand an der Burgfelderstrasse 116 bis 1937 das Schneidersche Bauerngut als letzter Landwirtschaftsbetrieb im diesseitigen Stadtbann. Wohnhaus und Ökonomiegebäude waren so baufällig geworden, dass eine Renovation sich bei der geplanten Erweiterung des Strassennetzes nicht mehr lohnte. Damit war, nach der Auflösung des andern Schneiderschen Gutes (im Gebiet zwischen der heutigen Largitzenstrasse und der Glaserbergstrasse), innert kürzester Zeit das zweite bäuerliche Anwesen in jener Gegend aus dem baslerischen Stadtbild verschwunden. Beide Höfe sind um 1790 vom Langenbrucker Heinrich Schneider-Hänger erworben worden, der sie seinen Söhnen Heinrich und Martin vererbte. 1817 ist der vordere Schneiderhof nach einem Brand neu erbaut worden. Das Anwesen umfasste 1830 ‹Wohnhaus mit Laube, Scheune mit doppelter Stallung und angehängtem Wagenschopf, in Riegel und Mauern›. Aquarell von Achilles Bentz.

Der Französische Bahnhof hinter der Lottergasse, um 1846. Am 11. Dezember 1845 ist vor dem St.-Johanns-Tor der erste Bahnhof auf Schweizer Boden in Betrieb genommen worden. Damit hat die 1841 eröffnete Strassburger Eisenbahnlinie in Basel Anschluss gefunden. Dem epochalen Ereignis waren in allen Kreisen der Bevölkerung hitzige Debatten vorausgegangen, bestanden doch krasse Meinungsverschiedenheiten, ob die Stadt der Technik ihre Tore öffnen solle und ob aus wirtschaftlichen, militärischen oder politischen Gründen der Bahnhof innerhalb oder ausserhalb der Mauern zu errichten sei. Die Station wurde schliesslich ‹intra muros› (zwischen der heutigen Hebelstrasse und dem St.-Johanns-Tor) angelegt, wobei die Stadtmauer in der Gegend des Metzgerturms eingerissen und erweitert wieder aufgebaut werden musste. Die vom Mülhauser Nicolas Koechlin konstruierte Bahnhofanlage war 214 Meter lang und 97 Meter breit und umfasste das Aufnahmegebäude mit dem Billettschalter, ‹wo man ein wachsames Auge auf sein Gepäck haben kann, ein Vortheil, der nicht zu übersehen ist›, die Warenhalle, die Lokomotiven- und Wagenremise, die Wasserstation und drei Portierhäuschen. Auch das von Melchior Berri 1844/45 entworfene Eisenbahntor in rotem Sandstein mit einem Fallgatter, das nachts und in Zeiten der Gefahr den Schienenweg verriegelte, gehörte dazu. Der Bahnhof zu St. Johann erfüllte bis 1860 seine Aufgabe und fertigte pro Jahr rund 50 000 Fahrgäste ab, die in 17 Minuten nach St-Louis oder in 5 Stunden nach Strassburg oder vice versa reisen konnten. Dann wurde die Französische Ostbahn in den Centralbahnhof vor dem Elisabethenbollwerk verlegt und das Areal für den Bau der Strafanstalt und des Frauenspitals freigegeben. Aquarellierte Planzeichnung eines Unbekannten.

Der St.-Johanns-Schwibbogen vom Totentanz her gesehen, um 1860. Das innere Kreuztor, wie man dem St.-Johanns-Schwibbogen im Alten Basel auch zu sagen pflegte, ist in seiner ursprünglichen, uns nicht überlieferten Form um das Jahr 1200 erbaut worden; durch sein Portal mündete die Kreuzgasse (Blumenrain) in die elsässische Ebene. Auch über die Entstehung des Neubaus wie über die weitere Geschichte fliessen nur spärliche Quellen. Erst als die Zeit seines Niedergangs nahte, erhielt der Schwibbogen durch Ludwig Adam Kelterborn 1836 künstlerischen Schmuck. Und wenig Aufhebens bewirkte auch der Gedanke an seine Wegschaffung: Ohne zwingende Gründe verfügte der Grosse Rat 1872 den Abbruch des stadtwärts sonderbarer Weise aus der Fluchtlinie der Stadtmauer zurücktretenden St.-Johanns-Schwibbogens. Ende 1873 ‹hat das Werk der Zerstörung begonnen, womit ein Stück des alten Basels um das andere fällt›. Links vom Torbogen der Hof und das Gesäss ‹innerthalb der Vorstatt ze Crütz›, welche seit 1573, als die lombardischen Refugianten Claudius und Cornelius Pellizari hier einen schwunghaften Seidenhandel aufzogen, unter dem Hausnamen ‹Seidenhof› bekannt sind. Rechts der 1937 niedergelegte ‹Erimanshof›, der von 1871 bis 1903 vom ‹schweizerischen Nationalmaler› Ernst Stückelberg, dem Schöpfer der Tellfresken, bewohnt wurde. Aquarellierte Federzeichnung von Anton Winterlin.

Das ‹grüne Basel›, um 1840. ‹Die Gärten der Basler zeigen schon dem Fremden, wie hier das Land theuer ist. Sie sind grösstentheils dem Nützlichen gewidmet. Küchengewächse, Fruchtbäume, Weinreben nehmen den vornehmsten Theil ein. Indessen sucht man auch diese zur Verschönerung anzuwenden. Man sieht Bogengänge von Fruchtbäumen und Reben gezogen, oder Gänge von Wein eingefasst. Auch in den Lauben bemerkt man Traubengländer, und die kahlen Mauern sind mit Reben belebt. Man erblickt zwischen Gemüsefeldern Blumengänge und hie und da Springbrunnen sowie Vogelhäuser in nahgelegenen Kabinetten. In einigen dieser Gärten zeigt sich noch eine besondere Anhänglichkeit an die alte französische Gartenmanier. Ein Hauptfehler der meisten Gärten ist dieser, dass man die umliegenden herrlichen Landschaften nicht besser in verschiedene Aussichten genutzt hat. Denn fast immer ist die Aussicht durch Mauern und Bäume verdeckt. Auch könnten hin und wieder die angrenzenden Wiesen vortheilhaft mit den Gärten verbunden werden. Würden die Taxuspyramiden, die Hecken und andere Verschliessungen weggeworfen, wie viele schöne Lagen würden auf einmal hervorbrechen! Die meisten Landhäuser sind ohne Pomp. Zierlich und bequem, auch mit Geschmack ausgeziert und von Springbrunnen umgeben. Fast immer findet man einen angenehmen Vorhof und einen freyen Eintritt.› Christian Hirschfeld 1783. Aquarell von Achilles Bentz.

1

Die Eisengasse von der Brodlaube an der Stadthausgasse her gesehen, um 1838. Die wohl wichtigste Verkehrsader der Stadt, welche die Freie Strasse via Sporengasse mit der Rheinbrücke verband, war ‹so bucklig und schmal, dass zwei Fuhrwerke einander nicht ausweichen konnten›. Stänzler hatten, wohl als erste Verkehrspolizisten der Stadt, während der Stosszeiten das Einbahnsystem anzuordnen. Ein Umfahren über den Fischmarkt war nicht möglich, weil die Kronengasse und die Schwanengasse ebenso eng waren. Aus diesem Grunde musste 1839 eine Korrektion vorgenommen werden, die den Abbruch zahlreicher mittelalterlicher Häuser forderte. Links aussen ist die Seidenwarenhandlung von Johann Georg Von der Mühll zu erkennen, anschliessend die Häuser von Schneider Heinrich Schaffner und Hutmacher Wilhelm Krug. Rechts aussen das Haus ‹Zum Pilger› mit der Spezerei- und Tabakwarenhandlung von Jacob Riber. Aquarell von Johann Jakob Schneider nach Johann Jakob Neustück.

Die sogenannte Meerenge an der untern Eisengasse, um 1838. Links die Liegenschaft ‹Zum Hauserturm› des Hutmachers Joseph Wilhelm Amans und das Haus ‹Zum grünen Berg und zum kalten Keller› des Kleinwarenhändlers Christoph Ronus-Holzach. Rechts die Eisenwarenhandlung Leonhard Paravicini und das Ladengeschäft Emanuel Scholer. Dieser war, neben Emanuel Streckeisen, der einzige Zinngiesser der Stadt, hatte aber in seinem Zusatzgewerbe in ‹Geschirr, Fayence, Porcellaine, engl. Steingut und Crystall› ernsthafte Konkurrenz in Joseph Burckhardt, Elisabeth Gengenbach, Johannes Hoch, Nikolaus Jenny, Jakob Meyer, Witwe von Speyr und Jakob Speiser. Scholer versah zudem die besoldeten Ämter des Universitätspedellen und des Museumsaufsehers. Gewisse Mitbürger missgönnten ihm offensichtlich diese lukrative Tätigkeit, vermauerten sie ihm doch eines Abends seine Haustür mit Backsteinen. Im Hintergrund das im Februar 1839 abgetragene Rheintor. Auf dem Bild konnte keine Aufnahme mehr finden das Haus ‹Zum roten Salmen› (Nr. 22), in welchem bis in die 1860er Jahre Basels letzter Kammacher, Johann Jakob Rosenmund, ‹fleissig in seiner Werkstatt arbeitete, angestaunt von wunderfitzigen Schulbuben, mit Säge, Feile und Poliereisen. Vor ihm lag in einem schmucklosen Glaskästlein die fertige Ware zum Verkaufe ausgelegt. Regelmässig hatte er auch auf der Messe, die noch auf dem Münsterplatz abgehalten wurde, seinen Stand und verkaufte seine Ware, die jedenfalls solider gewesen ist als die Dutzendware der jetzigen Geschäfte. Wenn unsere Kinder wissen möchten, wie eine solche Werkstatt ausgesehen hat, müssen sie sich schon Gottfried Kellers Geschichte der drei gerechten Kammacher erzählen lassen› (um 1890). Aquarell von Johann Jakob Neustück.

106/107>

1

Die Grossbasler Rheinfassade mit dem Universitätsgebäude und der Anatomie, dem Pfarrhaus und der Kirche zu St. Martin und den Häusern ‹Zum roten Turm›, ‹Zum wilden Mann›, ‹Zum Kranichstreit›, ‹Zum Rheinsprung› und ‹Zur goldenen Sonne›, 1847. Im Vordergrund Fischer beim Einbringen der Beute. 1664 ‹war der Fang der Nasen so reichhaltig, dass zweyhundert mal tausend Stück eingethan wurden. Das Stück kostete einen Rappen.› Die besondere Aufmerksamkeit unserer Fischer aber galt zu allen Zeiten dem Salm (so hiess der Fisch nach altem Basler Brauch, während die Tage länger wurden, Lachs, während diese abnahmen). Den ‹14. November 1771 hatten die Kleinhüninger, wie gewöhnlich vor vielen Zuschauern, im Rhein auf einen Zug 102 Lachs und die Basler selbigen Tag 93› erbeutet. 1892 wurden im Basler Stadtbann noch 80 Exemplare des ‹Junkers› des Rheins im Gewicht von 317 Kilo gefangen. Der Bau des Kraftwerks Kembs (1932) setzte schliesslich der Basler Salmenfischerei ein betrübliches Ende. Aquarell von Constantin Guise.

Die Hochschule von der Rheinbrücke aus gesehen, 1859. Nur wenige Monate nach der am 12. November 1459 durch Papst Pius II. besiegelten Gründung der Universität konnten im ehemals Schalerschen Haus am Rheinsprung die ersten Vorlesungen gehalten werden. Nach einer Beschreibung aus dem Jahre 1573 waren im obern Flügel des sogenannten Untern Kollegiums der philosophische, der juristische und der medizinische Hörsaal untergebracht. Im Mittelbau befanden sich der Hörsaal für die Theologen, die Regenzstube und die Vorratskammern. Im untern Flügel waren das Pädagogium (Oberes Gymnasium) und Wohnungen für den Pedellen, den Präpositus (Propst) und für Studenten eingerichtet, ebenso der Karzer! Der kapellenartige Bau auf der Rheinmauer war der Bibliothek zugedacht. Als sich 1648 ‹der Rhein dermassen vergrösserte, dass der Teil des Collegii, so die Bibliothek in sich hielt und anfänglich auf dem Trockenen war, damals schon ganz im Wasser stund, war es hohe Zeit, an Rettung zu gedenken›. Auch die Verhältnisse im Regenzzimmer waren zeitweilig so bedenklich, dass ‹einigermassen kränkliche Mitglieder wirklich Ursache hatten, ihr Erscheinen an den Wintersitzungen zu bereuen. Selbst dann, wenn der Ofen fast glühend war, glich das Sitzungszimmer einer Eisgrube.› Zur 400-Jahr-Feier der Universität wurde das Untere Kollegium 1860 nach Plänen von J. J. Stehlin d. J. erneuert und durch ein zusätzliches Stockwerk erweitert. Über der Universität der 1762 bis 1770 in klassizistischem Barock aufgeführte ‹Reichensteinerhof› (Blaues Haus), in welchem 1814 Kaiser Franz I. von Österreich logiert hatte. Die 1478 in Stein neu erbaute Käppelijochkapelle (links im Bild), einst vielbesuchte Andachtsstätte der Reisenden, ist 1903, wie die alte Rheinbrücke, abgebrochen worden. Aquarell von Johann Jakob Neustück.

110/111>

1

Die Schiffleutenzunft, das Rheintor und der Gasthof ‹Zur Krone›, um 1835. In unmittelbarer Nähe von Rhein, Birsig und Rheinbrücke errichteten 1402 die Angehörigen der 1354 gegründeten Schiffleutenzunft ihr einfaches Zunfthaus. Schon nach wenigen Jahren (1424) umbrandete ein reissendes Hochwasser das Zentrum der Schiffer: ‹Der Rin was so grosz, dass man in den Schifflüten Stuben in den Vensteren zuo Schiff gieng.› Und 1533 ergriff ‹leyder Gott erbarms› ein Feuer die Liegenschaft und brannte sie bis auf den Grund nieder. Den Wiederaufbau des Zunfthauses begleitete eine grosszügige Geste der eidgenössischen Stände, die je zwei Kronen für Wappenfenster in die neue Stube stifteten. Die von Maximilian Wischack angefertigten Glasgemälde mussten die Schiffleute 1819 aus wirtschaftlichen Gründen nach Winterthur verkaufen. Der schlechte bauliche Zustand des Zunfthauses aber konnte trotzdem nicht wesentlich verbessert werden. So zeigte sich die Stätte reizvoller Betriebsamkeit ‹eher von der malerischen Seite›, als sie 1838 vom Staat gegen Fr. 15 000.– zu Korrektionszwecken übernommen werden musste. Das sandsteinrote Rheintor mit dem angebauten Schwibbogen war das stärkste Bollwerk im Befestigungsgürtel der grossen Stadt. Wegen seiner mächtigen Konstruktion, seiner dekorativen Fassade, den wertvollen Uhrwerken und dem berühmten Lällenkönig gehörte es zu den eindrücklichsten Bauten der Stadt. 1839 forderte die Sanierung des Brückenkopfs seinen Abbruch. Die ‹Krone› zählte bis zur letzten Jahrhundertwende zu den ältesten und traditionsreichsten Gasthöfen Grossbasels. Ölgemälde von Constantin Guise.

Der Kleinbasler Brückenkopf, um 1830. Von links die Häuser ‹Zum Sennheim›, ‹Zur Schleife›, ‹Zum vordern Kupferturm›, das Schlachthaus, das Haus ‹Zum Waldeck›, das Richthaus und die St.-Niklaus-Kapelle (1857 abgebrochen). Die 1225 erbaute Rheinbrücke ‹war ein besonders beliebter Erholungsort. Der Verkehr auf ihr war während eines grossen Teils des Tages ein so bescheidener, dass man dem Geländer entlang gemütlich hin- und herwandern konnte. Die Brücke hatte nur gegen das Grossbasler Ende hin eine Andeutung von Trottoirs. Ihr Belag war gebildet durch dicke, schmale, tannene Bretter, sog. Flecklinge, die natürlich oft erneuert werden mussten. Die halbfaulen Rhibruck-Flecklig wurden dann vom Bauamt noch zu Flickarbeiten in Pfarr- und Schulhäusern verwendet. Die Lehne war sehr primitiv und hatte einen einzigen Querbalken, unter dem hindurch man leicht beim Ausglitschen direkt in den Rhein fallen konnte. Für die Kinder war darum das Passieren der glattgefrorenen Rheinbrücke im Winter immer etwas Unheimliches. Die geräumigen rechtwinkligen Steinbänke auf der Kleinbasler Seite, die sogenannten Schranken, wurden später durch unschöne Gebilde aus Solothurner Stein ersetzt.› Aquarell von Constantin Guise.

1

Das Gesellschaftshaus ‹Zur Hären› und der Gasthof ‹Zum weissen Kreuz›, um 1856. Die Kleinbasler Ehrengesellschaft ‹Zu der Herren› erscheint im Zusammenhang mit der Liegenschaft am Härengässlein, das die Rheingasse mit dem Rheinweg verbindet, erstmals im Jahre 1384. Über die Baugeschichte des Gesellschaftshauses, in welchem die Kleinbasler Fischer und Jäger sich seit dem frühen 15. Jahrhundert am Fronleichnamstag und am Schwörtag zu einer festlichen Mahlzeit einfanden, liegen aus dem Jahre 1749 umfangreiche Nachrichten vor. 1838 gewährte der ‹Wilde Mann› auch den Schiffleuten, die durch den Abbruch ihres Zunfthauses heimatlos geworden waren, Gastrecht. Die Erweiterung des nachmaligen Café Spitz forderte 1857 die Beseitigung des dreiteiligen mittelalterlichen Gesellschaftshauses samt dem Überrest der massiven Ringmauer, die sich einst längs des Rheins bis zum Turm beim Waisenhaus hingezogen hatte. Das schon 1565 erwähnte ‹Kochwirtshaus zum Kreuz› zählte zu den renommierten Gasthöfen Kleinbasels, obwohl um die Mitte des 18. Jahrhunderts das Gerücht umging, ‹es sei der Schlupfwinkel von Gaunern und Diebsbanden›. 1815 wies das ‹Weisse Kreuz›, das zum Preis von Fr. 21 000.– die Hand gewechselt hatte, ein Inventar auf von 20 Betten, 50 Saum Fass und 6 Tischen. Aquarell von Johann Jakob Neustück.

Das Kleinbasler Richthaus und das Haus ‹Zum Waldeck› bei der Rheinbrücke, 1838. Bis zum Zusammenschluss mit Grossbasel im Jahre 1392 bildete Kleinbasel eine selbständige Stadtgemeinde, die am Brückenkopf seit 1289 ein eigenes Rathaus besass. Die Vereinigung entzog der Kleinen Stadt ihre politische Unabhängigkeit, beliess ihr aber die niedere Gerichtsbarkeit. Das Rathaus wurde zum Richthaus (links im Bild) und stand fortan dem Schultheissengericht, dem Gescheid (Flurgericht), der Rheininspektion und dem Wachtkollegium zur Verfügung. Das ‹blechbespitzte› Türmlein auf dem hohen Walmdach verlieh dem Haus, in welchem sich bis ins Jahr 1798 alljährlich am Schwörtag auch die Kleinbasler Bürger zur Eidesleistung einfanden, später den Übernamen ‹Café Spitz›. 1835 verkauften die Behörden das Richthaus den Drei Ehrengesellschaften auf Abbruch. Das nach den Plänen von Bauinspektor Amadeus Merian errichtete Gesellschaftshaus öffnete seine Tore 1841, diejenigen des Erweiterungsbaus 1860. Das dem Richthaus gegenüberliegende Haus ‹Zum Waldeck› beherbergte vermutlich seit dem Brückenbau von 1225 (bis 1871) die sogenannte School jenseits, die einzige Metzgerei Kleinbasels. Im 18. Jahrhundert hatte die Liegenschaft ‹unstreitig die schönste Aussicht in Kleinbasel, und sein Besitzer, den man sonst den Ledermartin benennt, mag wohl der reichste Burger sein›. 1912 wurde das ‹Waldeck› durch einen Neubau in ‹blendendweisser Steinmasse› ersetzt. Aquarell von Johann Jakob Neustück.

1

Die alte St.-Clara-Kirche, 1854. Anno 1279 von Bischof Heinrich von Isny mit der Übernahme der Gebäulichkeiten der aufgelösten Eremitenkongregation der Sackbrüder beauftragt, widmeten sich die einflussreichen Bürgerfamilien angehörenden Klarissinnen dem Lobpreis Gottes im Gebet. Die Glaubenswirren zwangen indessen 1529 den Konvent, den Liegenschaftsbesitz sowie das ‹silberin Geschirr und alles, was zu den Altargezierden gehört›, der Stadt zu übergeben, nachdem die Knechte bereits ‹die Bilder zerhowen und verbrennt hand›. Der Rat liess hierauf den Nonnenchor der Kirche abbrechen, um die Errichtung des St.-Clara-Bollwerks voranzutreiben. Das Kloster selbst wurde ‹zur einen Helfte als Wohnung dem ersten Pfarrer der mindern Stadt zugewiesen, zur andern Helfte aber als ein obrigkeitliches Lehen an eine bürgerliche Familie verliehen›. 1798 erhielt die römisch-katholische Gemeinde das Recht zur Mitbenützung der St.-Clara-Kirche. Seit 1853 wieder ausschliesslich dem alten Glauben dienend, konnte am 25. September 1859 der erste Gottesdienst in der neu erbauten Kleinbasler Kirche gefeiert werden. Die Fässer vor dem Ökonomiegebäude, das 1852 der Anlage der Clarastrasse weichen musste, liegen zum Eichen am Sinnbrunnen bereit. Aquarell von Johann Jakob Schneider.

Kirche und Konventsgebäude des ehemaligen Klosters Klingental, um 1840. Rund zwei Jahrzehnte nach ihrer um das Jahr 1270 erfolgten Niederlassung im schützenden Bereich der untern Kleinbasler Stadtbefestigung konnten die adeligen Nonnen aus dem Kloster Klingental im Wehratal die Einweihung ihres Gotteshauses begehen, das im Ausmass und in Ausstattung ihrer vornehmen Herkunft entsprechen sollte. Noch im 15. Jahrhundert vermochte keines der andern Basler Klöster es mit dem Reichtum der durchschnittlich 40 Klingentalerinnen aufzunehmen. Aber auch in ihrem Verhalten unterschieden sich die lebensfrohen Schwestern deutlich von der sonst üblichen Zurückhaltung der ansässigen Ordensleute! Nach der Reformation wurden die Gebäulichkeiten profanen Zwecken zugeführt, doch konnten in der umgebauten Kirche noch bis 1779 Gottesdienste gehalten werden. Das im Erdgeschoss des Chors eingerichtete Salzlager wurde 1799 zu Stallungen umfunktioniert, wie später auch die übrigen Teile der Kirche dem Militär zugänglich gemacht wurden. Nach der 1856 verfügten Auflösung der mitunter recht disziplinlosen Standestruppe, die für den Wacht-, Polizei- und Feuerwehrdienst in der Stadt verantwortlich war, wurden die wenigen zuverlässigen Stänzler als Polizisten und als Drillmeister für Rekruten in der Klingentalkaserne in Sold genommen. Die Ersetzung des aus der Mitte des 15. Jahrhunderts stammenden Grossen Klingentals durch die neugotische Kaserne von Johann Jakob Stehlin (bis 1966 in Betrieb) verfügte die Regierung im Jahre 1860. Aquarell von Johann Jakob Schneider.

1

Das Bläsitor, 1863. Der weithin sichtbare Befestigungsturm, ein nüchterner, aus mächtigen Quadersteinen errichteter Wehrbau, erscheint urkundlich erstmals im Jahre 1256. Er stand zwischen dem Kloster Klingental und dem Rumpelturm (Untere Rebgasse / Kasernenstrasse) und sicherte Kleinbasel gegen die rechtsseitige Rheinebene und das Wiesental. Für die Erhebung von Weggeldern und Zöllen war der Torschreiber mit seinen Gehilfen zuständig. Wie das Steinentor und das St.-Alban-Tor, so wurde auch das Bläsitor bei Anbruch der Nacht geschlossen und erst bei Tageshelle, die eine genaue Kontrolle ermöglichte, wieder geöffnet. Dem Bemühen der Behörden, das Bläsitor zu erhalten, war auf die Dauer kein Erfolg beschieden. Denn um die Mitte des letzten Jahrhunderts brachte die aufkommende Industrie den Mauergürtel zum Platzen. Schon 1833 wurde der Graben entlang der alten Stadtmauer ‹hinter dem Klingental beim Bläsitor und gegen den Drahtzug hin› aufgefüllt, und im Juni 1867 musste das Tor zugunsten eines breiteren Stadtausgangs bei der neuen Klingentalstrasse fallen. Links vom Tor der Bläserhof, der bis 1806 im Besitz des einst in Basel reich begüterten Klosters St. Blasien im Schwarzwald war, dann der katholischen Gemeinde als Pfarrhaus und Schulhaus zur Verfügung stand und schliesslich vom Seidenfärber Alexander Clavel übernommen wurde. Rechts die von Johann Weber-Engel betriebene Gastwirtschaft ‹Zum Egringerhof›. Aquarell von Louis Dubois.

Das Riehentor, das Haus ‹Zum Winkelried› und die Zieglerwohnung (rechts), 1863. Das 1265 erstmals erwähnte Riehentor öffnete Kleinbasel gegen Nordosten. Der quadratische Turm mit dem flachen, inmitten eines Zinnenkranzes aufgebauten Satteldach trug unter dem originellen Erkerausbau landwärts eine grosse demontable Kreuzigungstafel mit Maria und Johannes, die der Torwächter bei Regen und Schnee oder bei drohender Gefahr in Sicherheit bringen konnte. 1840 ersuchten die Bewohner des obern Kleinbasel die Behörden ‹um ein Zeichen der Zeit, das dem Jüngling seine Schul-, dem Mann seine Arbeitsstunde und dem Greisen mahnend die Flüchtigkeit seiner Tage bezeichnet›. Die Plazierung des Zifferblattes der hierauf angebrachten Uhr machte die Entfernung des Erkers an der Aussenseite notwendig. Bei dieser Gelegenheit wurde der Zinnenkranz durch einen Treppengiebel – unter Belassung der runden Erker – ersetzt. 1852 erfolgte mit dem Auffüllen des Stadtgrabens zwischen dem Tor und dem Drahtzug der erste Einbruch in die Befestigungsanlage Kleinbasels. Und als 64 Anwohner mehr Licht, Luft und Raum forderten, wurde 1864 das an der Kreuzung Claragraben und Riehenstrasse gelegene Riehentor, das man kurz zuvor noch ‹ausser dem Spahlen Thor als das schönste› gerühmt hatte, abgerissen. Gouachemalerei von Louis Dubois.

1

Elisabeth Bachofen-Fuchs (1779–1816) bei der Zubereitung einer Mahlzeit, 1809. An einer reich gedeckten Tafel hatten die alten Basler ihre besondere Freude. So spartanisch ihre Lebensführung im allgemeinen war, so üppig konnte ‹der Fress- und Saufteufel sein Unwesen› an festlichen Tagen treiben. Ein Menü aus 24 bis 30 Gerichten war bei solchen Gelegenheiten nichts Aussergewöhnliches! Aus dem Jahre 1762 ist uns ein Hochzeitsessen, das zur Vermählung von Balthasar Stähelin und Dorothea Gemuseus aufgetragen worden war, überliefert: ‹Mittag. 2 Wild Schwein Köpf, 2 gr. Schuncken, 1 Welscher Hann im Türkenbund mit Galleren, 1 gr. Welschhann Pastete, 1 gr. Span Ferlin Pasteten, 12 Terrines mit Krebs und Grinen Suppen, 8 St. Backlin Fleisch mit Redtig und Meredtig, 4 Spanisch Brodt Pasteten von Tauben, 2 gr. Ahl Pasteten, 3 Tembale von Feldhüner und Tauben, 10 Pl. Saurkraut mit Schweines, 10 Pl. Fricando mit Chicoret, 10 Pl. Ragou mit Krebscouli, 10 Pl. Gebraten und kochte Forellen und Hecht, 10 Pl. Cappaunen à lorange, 10 Pl. Enten mit Sofsrobente, 10 Pl. Farcierte Tauben mit Triffen, 10 Pl. Bas de Soye, 1 Pl. von 2 grossen Schnäpfen, 12 Welsche Hannen, 4 St. schwartz und 4 St. von Reh wildbreth, 18 St. Feld Hüner, 8 Dotzet Lerchen, 2 Pl. von 14 St. Rieth Schnäpfen, 4 Pl. gebratene Ahl und alte Selmlingen Papiliottes, 10 Pl. Compottes von Mirabellen und Borellen, 10 Pl. Roulade mit Galleren, 10 Pl. Mandelschnitten mit Seidenmus, 10 St. Servelad Würst, 10 Pl. junger Salad, 10 Pl. Citron Pomer, 10 Pl. Cocqumber und Rohnen. Dessert: 6 Terrines mit gefüterter Suppen, 6 grosse Mandel Tarten, 10 Pl. Schenckelin, 10 Pl. Tabacrollen, 10 Pl. Tourtelettes von Eingemachts, 10 Pl. Lebkuchen, 10 Pl. Macarones, 10 Pl. Muscazin von Chocolade, 10 Pl. Mandel Kräntzlin, 10 Pl. Mandel Bisquit, 10 Pl. Zwibach, 10 Pl. Pralines, 10 Pl. Obst!› Frugal nahm sich dagegen der Alltagstisch aus: etwa Milchsuppe zum Morgenessen, Rindfleisch und dürre Apfelschnitze zum Mittagessen und Reis, Haarrucken und Kartoffelsalat zum Abendessen. Beiläufig sei bemerkt, dass die geschmackvolle Zusammenordnung der ‹Compottes von Mirabellen und Borellen› jene 1951 entfachte Diskussion über die Frage, ob unter dem heimeligen Basler Wort ‹Barelleli› Aprikosen oder Mirabellen zu verstehen seien, eindeutig entschieden hat: Borellen sind Aprikosen! Aquarell von Friedrich Meyer.

Das Landgut ‹Im Surinam› vor dem Riehentor, um 1860. Anno 1803 liess Johann Rudolf Ryhiner-Fäsch, Apotheker am Fischmarkt, auf dem freien Gelände ‹In den Schoren›, ein Landgut erbauen. In Erinnerung an die van Hoyschen Plantagen seiner Schwiegereltern in Surinam nannte er den Sitz ‹Zum kleinen Surinam›. Zum Preis von Fr. 72 000.– erwarb 1843 Handelsherr Johann Jakob Merian-Burckhardt das Landgut zwischen Riehenstrasse und Langen Erlen, das der letzte Pächter, Gottlieb Wiedmer-Hartmann, bis 1968 bewirtschaftete. Aquarell von Anton Winterlin.

‹Basel anno dazumal› ist nach Entwürfen von Albert Gomm gestaltet, in 16 Punkt Baskerville kursiv gesetzt, mit Fotolithos von Steiner + Co. AG Basel vom Graphischen Unternehmen Birkhäuser AG Basel auf ein speziell angefertigtes, getöntes ‹Mattcoat› der Papierfabrik Ziegler AG Grellingen gedruckt und von der Buchbinderei Grollimund AG Reinach in Naturleinen gebunden.

Reprotechnik: Marcel Jenni
Farbdias: R. Friedmann, R. Polentarutti
© Birkhäuser Verlag Basel, 1980
ISBN 3-7643-1176-2

Nachwort des Autors

Mit der Edition des Bildbandes ‹Basel anno dazumal› hat ein ‹Jugendtraum› des Autors seine beglückende Erfüllung gefunden: Denn was könnte einem Basler Stadthistoriker Schöneres widerfahren, als ‹seine› Stadt in einer stattlichen Reihe brillanter Farbtafeln vorgestellt zu sehen! Zur Realisierung des seit der Publikation des ersten Beitrags zur Basler Geschichte im Jahre 1958 angestrebten Zieles bedurfte es allerdings einer aussergewöhnlichen Unterstützung. Es war eine glückliche Fügung, dass die Schweizerische Kreditanstalt Basel, welche in diesem Jahr das Jubiläum ihres 75jährigen Bestehens feiern darf, sich entschliessen konnte, anstelle einer Festschrift die Herausgabe dieses ‹Basler Buches in Farben› zu ermöglichen. Für dieses wirksame Zeichen steter Sympathie ist der Autor der Direktion der SKA zu herzlichem Dank verpflichtet. Die von der Schweizerischen Kreditanstalt seit Jahren mit grossem Verständnis geförderte Verbindung zu kulturellen Unternehmen hat dadurch eine überaus wertvolle Bereicherung erfahren. Aufrichtiger Dank sei auch den Leihgebern der Illustrationen abgestattet. Erst ihr Entgegenkommen erlaubte die Verwirklichung von ‹Basel anno dazumal›. Die 13 ‹Meier-Bücher›, die bisher erschienen sind, zeigen eine Fülle von Bildern aus dem Alten Basel. So hat beinahe jede besonders aussagekräftige historische Darstellung der Topographie unserer Stadt, die sich in öffentlichem Besitz befindet, Verwendung gefunden. Die Grosszügigkeit privater Bildbesitzer wie der Institutsleitungen war deshalb notwendig, um dem vom Autor bewusst verfolgten Ziel, unbekannte Quellen zu erschliessen, treu bleiben zu können. Das vorliegende Basiliense zeigt also, und zwar vorwiegend, entweder in ‹Meier-Büchern› bisher noch nicht reproduzierte Veduten oder aber früher schwarz-weiss Reproduziertes erstmals in Farbdruck. Das ‹Gesamtwerk› umfasst demnach die Wiedergabe von rund 2500 Aquarellen, Zeichnungen, Lithographien und Photographien aus dem Alten Basel und seiner Umgebung.

Bildverzeichnis

Die unter «Privatbesitz» aufgeführten Bilder befinden sich im Eigentum von Johann Jakob Bachofen, Dr. Peter Gengenbach, Dr. Georg Krayer, Dr. Beat Sarasin, Dr. Christoph Vischer, Dr. Fritz Vischer und Dr. Lukas Wüthrich.

Mähly-Plan: Bürgergemeinde Basel
Augustinergasse: Privatbesitz
Münsterplatz: Staatsarchiv
Basel: Kupferstichkabinett
Münster: Stadt- und Münstermuseum
Stadtcasino: Privatbesitz
Rittergasse: Privatbesitz
St.-Alban-Schwibbogen: Privatbesitz
St.-Alban-Tor: Privatbesitz
St.-Alban-Kirche: Staatsarchiv
Tor zur Dompropstei: Privatbesitz
Zimmereiplatz: Stadt- und Münstermuseum
Aeschenschwibbogen: Privatbesitz
Blömleinkaserne: Privatbesitz
Aeschentor: Privatbesitz
Luftmatt: Privatbesitz
Barfüsserkirche: Staatsarchiv
Barfüsserplatz: Stadt- und Münstermuseum
Rathaus: Staatsarchiv
Marktplatz: Privatbesitz
Freie Strasse: Privatbesitz
Post: Stadt- und Münstermuseum
Kaufhaus: Privatbesitz
Fronfastenmarkt: Kupferstichkabinett
Elisabethengottesacker: Staatsarchiv
Elisabethenkapelle: Privatbesitz
Birsig: Stadt- und Münstermuseum

Stadtmauer: Stadt- und Münstermuseum
Schmiedenzunft: Privatbesitz
Gant: Kupferstichkabinett
Pfrundhaus: Privatbesitz
Markgräflerhof: Privatbesitz
Fischmarkt: Stadt- und Münstermuseum
Vor Spalentor: Privatbesitz
Spalenschwibbogen: Kupferstichkabinett
Leimentor: Privatbesitz
Kornhaus: Kupferstichkabinett
Familienkonzert: Kunstmuseum
Spalentor: Privatbesitz
Fröschenbollwerk: Privatbesitz
Rittergasse: Privatbesitz
Stachelschützenhaus: Staatsarchiv
Predigerkirche: Privatbesitz
Zeughaus: Stadt- und Münstermuseum
Schneiderhof: Privatbesitz
Französischer Bahnhof: Staatsarchiv
St.-Johanns-Schwibbogen: Stadt- und Münstermuseum
Grünes Basel: Kupferstichkabinett
Meerenge: Staatsarchiv
Eisengasse: Privatbesitz
Grossbasler Rheinfassade: Privatbesitz
Hochschule: Privatbesitz
Schiffleutenzunft: Kunstmuseum
Kleinbasler Brückenkopf: Privatbesitz
Hären: Privatbesitz
Richthaus: Kupferstichkabinett
Clarakirche: Staatsarchiv
Klingental: Stadt- und Münstermuseum
Bläsitor: Privatbesitz
Riehentor: Staatsarchiv
Basler Küche: Privatbesitz
Surinam: Privatbesitz

Quellenverzeichnis (Auswahl)

Für liebenswürdige Unterstützung dankt der Autor ganz besonders herzlich Dr. Wilhelm Abt, Max Briem, Othmar Cueni, Walter Frech, Severin Hoffmann.

Archivalien des Basler Staatsarchivs (namentlich das Historische Grundbuch)
Barth, Paul. Basler Bilder und Skizzen aus der Mitte des 19. Jahrhunderts. 1915
Basler Jahrbuch. 1879 ff.
Burckhardt, Paul. Geschichte der Stadt Basel. 1942
Burger, Arthur. Brunnengeschichte der Stadt Basel. 1970
Hagenbach, Annie. Basel im Bilde seiner Maler. 1939
Koelner, Paul.
    Anno Dazumal. 1929
    Basler Zunftherrlichkeit. 1942
Kunstdenkmäler des Kantons Basel-Stadt. 1932 ff.
Maurer, François. Das Basler Münster. 1976
Meier, Eugen A.
    Das verschwundene Basel. 1968
    Basel in der guten alten Zeit. 1972
    Rund um den Baselstab, Bd. 2, 1977
Müller, Christian Adolf. Die Stadtbefestigung von Basel. 1955/56
Treu, Erwin F. Basel, Ansichten aus alter Zeit. 1957
Wanner, Gustaf Adolf. Verschiedene Zeitungsausschnitte in den Sammlungen des Staatsarchivs.